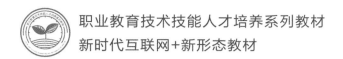

职业教育技术技能人才培养系列教材

新时代互联网+新形态教材

FENGDIANCHANG YUNWEI GUANLI SHOUCE

风电场
运维管理手册

主　编 ◎ 秀　艳　朱德春　张忠东

副主编 ◎ 丁莹莹　王　娟　蒋　理

　　　　曲永剑　乌云敖日格乐

　　　　王文博

华中科技大学出版社

http://press.hust.edu.cn

中国·武汉

图书在版编目(CIP)数据

风电场运维管理手册 / 秀艳，朱德春，张忠东主编. —武汉：华中科技大学出版社，2023.6
ISBN 978-7-5680-9654-6

Ⅰ. ①风… Ⅱ. ①秀… ②朱… ③张… Ⅲ. ①风力发电机-发电机组-运行-手册 ②风力发电机-发电机组-维修-手册 Ⅳ. ①TM315-62

中国国家版本馆 CIP 数据核字(2023)第 111612 号

风电场运维管理手册　　　　　　　　　　　　　秀艳　朱德春　张忠东　主编
Feng Dianchang Yunwei Guanli Shouce

策划编辑：汪　粲
责任编辑：余　涛
封面设计：廖亚萍
责任监印：周治超
出版发行：华中科技大学出版社(中国·武汉)　　　电话：(027)81321913
　　　　　武汉市东湖新技术开发区华工科技园　　　邮编：430223
录　　排：华中科技大学惠友文印中心
印　　刷：武汉市籍缘印刷厂
开　　本：787mm×1092mm　1/16
印　　张：9.75
字　　数：233 千字
版　　次：2023 年 6 月第 1 版第 1 次印刷
定　　价：46.00 元

▌前言

全球气候变暖已成为威胁人类生存和可持续发展的严峻挑战,为了全人类的可持续发展,"碳中和""碳达峰"已经成为世界各国未来几十年发展的核心课题之一。我国为达到碳中和目标,在"十四五"规划中,提出了 2030 年和 2060 年实现"碳中和""碳达峰"两个重要的时间节点。在党和政府的正确领导下,截至 2022 年 12 月底,全国风电累计装机容量约 3.7 亿千瓦,同比增长 11.2%。随着风电场规模的不断扩大,风电装机容量在新增发电装机容量中的比例不断提高。面对风力发电的迅速发展,如何对风电场进行管理也将成为重点课题,建立健全科学、标准化生产管理制度将更加有利于改善风电场管理水平,提升经济效益。

本书基于《国家职业教育改革实施方案》关于"建设一大批校企'双元'合作开发的国家规划教材,倡导使用新型活页式、工作手册式教材并配套开发信息化资源"的要求,紧密与专业教学标准相衔接,立足先进的职业教育理念,注重理论与实践相结合,突出实践应用能力的培养,体现"工学结合"的人才培养理念,注重学生技能的提升。

本书从项目组织架构的建立、项目体系建设、项目基础工作管理、项目业务管理、项目现场标准化流程等方面进行了阐述。其中"风电运维现场管理体系建设的标准和要求"部分由秀艳编撰,"风电场运维业务管理"由企业人员朱德春编撰,"安全质量管理"部分由张忠东编撰,"风电运维现场基础管理"部分由丁莹莹编撰,"现场标准化流程及体系文件"部分由王娟编撰,"现场管理组织架构"部分由蒋理编撰,"风电场运维项目日常标准化作业流程"部分由曲永剑编撰,"现场管理职责"部分由乌云敖日格乐编撰,"风电场运维体系文件明细表"部分由王文博编撰。

由于编者水平和经验有限,书中难免存在不足或疏漏之处,恳请广大读者提出宝贵意见,以便进一步修改和完善。

编　者
2023 年 12 月

目 录

第一章 现场管理建设及组织管理概述

在应对气候变化、全球能源产业链遭受严重冲击、世界能源格局动荡等百年未有之大变局形势下,能源电力系统向安全高效、绿色低碳转型已经成为全球发展趋势。2020 年 9 月,我国在联合国大会上承诺:"中国将提高国家自主贡献力度,采取更加有力的政策和措施,二氧化碳排放力争于 2030 年前达到峰值,努力争取 2060 年前实现碳中和"。2021 年 3 月,习总书记在中央财经委员会第九次会议上提出构建新型电力系统。2021 年 10 月,国务院印发《2030 年前碳达峰行动方案》提出"构建新能源占比逐渐提高的新型电力系统"。2023 年 1 月,国家能源局发布《新型电力系统发展蓝皮书(征求意见稿)》,描绘了新型电力系统的内涵特征与发展路径。总体来说,构建新型电力系统已成为我国实现碳中和目标的关键抓手。

目前风电场得到了充足发展,装机容量也持续提升,并且为适应电网,对风电机组可靠性及运行质量方面提出了更高要求。为保证风电机组运行状态为最佳状态,使经济效益最大化,就必须从风电场运维管理强化这方面入手。风电场运维管理主要包括设备管理、技术管理、运维人员管理、安全管理及维护成本管理等方面。这些管理工作的共同目标是持续提升设备可利用率,通过维护管理优化设备运行,为其安全运行、提高发电质量提供足够支持。

风电场质保期项目管理工作主要是:在规定的质保期和成本预算范围内,通过对机组精细化维护、定检、技术优化升级等工作的系统管理(计划、组织、指挥、协调、控制等),保障机组各项运行指标满足合同要求,安全经济运行,最终实现机组按期交付给客户。

风电场质保外代维项目管理工作主要是:在规定的代维周期内,依据合同约定内容提供相应运维服务,保障机组运行指标满足代维合同要求,并与客户保持有效沟通、提升客户满意度、打造风电场运维第一品牌。

第一节　现场管理组织架构

项目组织架构以项目经理为核心,搭建项目团队,工作分配以全面覆盖项目工作为准则,做到项目各工作全面监控。在人员不足的情况下,项目经理根据人员数量及能力对岗位工作进行综合分配。

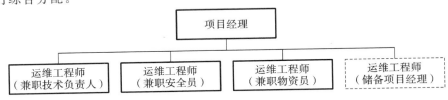

图 1-1　项目组织架构图

第二节　现场管理职责

术语解释 ▪ ▪ ▪

团队:是由基层和管理层人员组成的一个共同体,它合理利用每一名成员的知识和技能协同工作,解决问题,达到共同的目标;团队的构成要素为目标、人、定位、权限、计划。

团队管理:指在一个组织中,依成员工作性质、能力组成各种小组,参与组织各项决定和解决问题等事务,以提高组织生产力和达成组织目标。

团队技术水平:指项目整个团队在机组安装、调试及运维过程中,对机组及相关产品(如中央监控等)进行安装、维护、故障处理等问题的快速解决能力,团队技术水平应做到能力全面,通过团队互补弥补个人技术能力不足,从而完成项目工作。

一、项目团队职责

通过团体协作完成项目维护目标,提升团队内人员管理水平和技能水平。

表 1-1　项目团队工作职责

序号	职　责	职　责　解　释
1	客户利益保障	通过对机组的精细化维护和项目流程的精益化管理,有效提升机组运行稳定性,提升客户发电收益
2	公司指标保障	对目标责任书指标梳理清晰,分解至项目全员,并定期对标、整改,保障年度指标达成

续表

序号	职　　责	职　责　解　释
3	安全、质量、成本管理	强化安全意识、服务意识、质量意识、成本意识,保证工作高效、有序进行
4	服务策略优化	协助事业部、售后管理部对服务策略进行调整与完善并组织实施
5	客户关系维护	负责项目业务联系,落实工作安排,并建立良好的合作关系

二、售后项目经理

售后项目经理作为项目现场负责人,负责项目安全、质量等各项指标的完成,带领其团队完成项目售后期各项服务,维护公司利益,实现客户价值,持续提升客户满意度。

表 1-2　售后项目经理工作职责

序号	职　　责	职　责　解　释
1	合同履行	项目经理是公司派出的授权管理人,代表公司履行与建设单位签订的合同,履行合同内规定的责任和义务
2	风险管控	对销售合同(代维合同)进行分解,并制定切实可行的维护方案,具有一定的风险预判和管控能力
3	指标保障	对目标指标的完成情况负主要责任,对资源配置、成本核算和资金流向等负监控责任,对项目的整体经济效益负连带责任
4	制度执行	全面贯彻执行公司各项规章制度,接受公司有关职能部门的检查、指导,针对存在的问题进行整改落实,组织落实项目策划
5	工作计划、总结	制订月度工作计划,在每月月底前总结当月工作完成情况,并形成记录

三、运维工程师(兼技术负责)

运维工程师主要负责现场机组质量管理、技术管理及现场人员技术培训工作,保证项目机组质量符合技术要求,项目使用的技术规范为适用版本,现场人员技术能力不断提升。

表 1-3　运维工程师(兼技术负责)工作职责

序号	职　　责	职　责　解　释
1	人员培训	负责项目现场技术培训工作,综合培训需求联络资源来编写培训计划,定期组织项目成员进行相关培训
2	疑难问题解决	负责现场疑难故障(多台机组频报相同故障、重大机械损伤)的分析及处理,联络各方资源攻关,在最短时间内将故障机理摸清,最短时间内给予业主满意答复

序号	职　责	职　责　解　释
3	新员工培养	负责项目部新员工转正论文审阅提交工作,培养新员工成长
4	技术任务管理	对技改任务书工作内容进行培训,技术类安全问题进行总结分析,制订机组巡检计划,督促完成清单填写存档

四、运维工程师(兼职安全员)

运维工程师协助项目经理对现场安全工作进行管理,负责项目危险源辨识及项目安全工作的检查工作,定期组织项目安全例会,贯彻公司安全要求。

表 1-4　运维工程师(兼职安全员)工作职责

序号	职　责	职　责　解　释
1	安全管理	协助项目经理对项目上安全工作进行管理
2	安全监管	项目日常作业过程中提示并监督员工的作业安全行为
3	风险分析、预控	辨识项目危险源,组织召开晨会、周安全会,对项目上可能存在的或已经发生的违规行为进行总结与教育
4	安全检查、整改	对安全工作与记录进行完善与更新,完成项目定期检查工作,并形成记录。对项目上存在的安全隐患与问题可以越级上报,配合上级完成检查及相关信息的收集
5	安全活动组织	积极参加上级安全管理人员组织的安全会议和安全活动
6	安防保障	对项目现场的劳动防护用品有监督与管理的责任

五、运维工程师(兼职物资员)

运维工程师负责项目物资管理工作,包括生活物资、机组物资等的申请、定期盘点、定期检定与维护、报废等管理工作。

表 1-5　运维工程师(兼职物资员)工作职责

序号	职　责	职　责　解　释
1	物资保障	及时了解项目物资需求情况,解决物资供应问题。负责项目劳保用品、项目工器具、需求的统计、提交及收货
2	物资管理	计量器具及固定资产台账管理,对项目所用工器具配置的完整性、账实一致性、检定/内部比对的合格情况及检定率、状态检查记录、损坏设备以往测量结果的有效性等负责,并对重大设备质量问题反馈

序号	职　责	职　责　解　释
3	库房管理	严格按照库房管理制度进行管理,保证物资分区存放,标识清晰,防护得当,过期物资及时处理
4	业务培训	接受事业部或公司组织的物资员培训,并对物资在线管理系统熟练应用,确保项目全员均能掌握
5	制度执行	项目废旧物资的管理,及时将旧件、坏件返回库房,严格按照公司制度对报废物资进行管理

六、储备项目经理

储备项目经理协助项目经理对项目各方面工作进行全面管理,站在项目经理角度对项目管理事项进行决策。

表 1-6　储备项目经理工作职责

序号	职　责	职　责　解　释
1	项目管理协助	储备项目经理要对《项目目标责任书》有清晰的认知,并能够主动配合项目经理、辅导项目成员共同达成目标
2	团队建设	项目经理不在现场期间,要主动承担项目各项工作,能够有效处理项目日常工作,并与项目成员建立良好的团队氛围
3	能力储备	主动学习和贯彻公司的规章制度,积极主动参与到项目日常工作中,熟悉各岗位职责,对各岗位职责工作均能熟练掌握

第二章　风电运维现场管理体系建设的标准和要求

第一节　现场管理体系建设的必要性和原则

自改革开放以来,特别是加入 WTO 后,国内企业经历了管理理念、方法、战略等全方位的涅槃,也从最初出国对标交流、引入资本合作、借鉴国际一些先进的管理理念到如今输出自己的管理标准、理念和方法。其中,让大家耳熟能详的是"三标"管理体系,中国从最初引入到转化中国标准再到输出中国标准,从企业到政府机关,从企业总部管理扩展到具体项目管理,其管理理念、方法的运用已深化到管理单位及其管理链各个环节。

"三标"管理体系(即质量管理体系 ISO9000、环境管理体系 ISO14000、职业健康安全管理体系 OHSAS18000,以下简称体系)进入中国二十余年,已转换为国标。作为管理的基础工作,项目上建立、运行三标体系,是让大家依据体系的要求、公司的制度、国家及行业标准、法律法规等进行日常各项工作,并做好记录,现场各项工作是所有部门对现场活动策划的一个体现和落地,我们可以提出不合理的地方,但在新的策划结果发布之前,必须体现出我们强大的执行力。体系的操作策略是通过建立文件化的管理体系来推行质量、环境和安全管理,要遵照的基本精神是:"写你该做的,做你所写的,记录你所做的,检查你所做的(根据记录),改进不符合的"。

项目经理在体系执行过程中,需做到项目成员职责、分工明确,各类问题的闭环管理,各类实物的账实相符,项目体系管理是日常行为习惯的养成,项目经理必须起到领导带头作用。

第二节 现场管理体系文件的获取、上传和存储

  各项目应获取的文件包括管理类受控文件、技术文件、外来文件;所有文件会不定期地更新。其中,管理类受控文件、外来文件(集团下发的管理类文件)由事业部体系接口人负责更新,并上传至公司指定服务器事业部路径下;技术文件由事业部技术团队负责更新,我们建议技术文件按照不同的机型、配置进行归类并上传至公司指定服务器事业部路径下;外来文件指公司以外其他单位下发的文件,需要项目自行识别来自当地相关部门、业主、监理等下发的外来文件。所有文件会不定期地更新。

  为了实现项目档案的信息化管理,我们在服务器上给各个项目及事业部各专责建立了对应的文件夹,且下发了《服务器系统文件框架及上传要求》。

  质保期及代维服务涉及主要档案有以下 3 类:

一、项目相关档案

表 2-1 项目相关档案资料

序　号	项目相关档案名称	备　注
1	合同	
2	合同变更及补充协议	
3	机组运行维护计划书	
4	机组 500 小时检修申请	代维项目
5	机组 500 小时、半年、全年检修计划	
6	零部件更换记录	大部件更换报告
7	内部预验收检查清单	代维项目
8	项目交接通知	代维项目
9	质保期工作报告	代维项目

二、机组维护档案

表 2-2 机组维护档案资料

序　号	机组维护档案名称	备　注
1	合同	
2	合同变更及补充协议	
3	机组运行维护计划书	

风电场运维管理手册

序　　号	机组维护档案名称	备　　注
4	机组 500 小时检修申请	代维项目

三、项目技改档案

表 2-3　项目技改档案资料

序　　号	项目技改档案名称	备　　注
1	工作任务书	
2	工作联系单	
3	工作任务延期申请单	

 # 第三节　现场管理体系问题项的考核和整改

　　为了推动三标管理体系、成本管理体系的执行,客户服务中心下发了《客户服务中心管理体系运行管控办法》,每个自然年度内受到各类通报处罚的项目,按相应比例扣除奖励金额;奖励指物料降耗奖励、最终交接奖励、标杆项目及其他呈批类奖励,以此规范项目管理。

　　对于接受内部审核、外部审核的项目,审核组开具的不合格项要提供《不合格报告》,其中,不合格报告中的原因分析,纠正、纠正措施及实施情况需要填写完成,项目经理签字确认,同时,整改的相关证明性材料需一并提交,其余不需要项目填写。审核组提出的其余问题项以《审核问题清单》的形式给出,除"验证结果"不需要项目填写以外,其余均需要项目填写完成,整改的相关证明性材料需一并提交。

第三章 风电运维现场基础管理

第一节 企业文化建设

一、企业文化及现场文化概念

文化,是一个国家、一个民族的灵魂,是强盛不衰的源源动力,是繁荣发展的不竭源泉。党的十九大报告指出:"没有高度的文化自信,没有文化的繁荣发展,就没有中华民族的伟大复兴"。因此,文化的作用不容小觑。近年来,企业文化的应用在我国各行业、各领域逐渐兴起。不可否认的是,企业文化在助推企业发展、引领企业进步方面,有着功不可没的重要作用。企业文化所塑造的核心价值观,是企业的精神指引,是企业的核心竞争力,是企业蓬勃发展的必要条件。

企业文化是在一定条件下,企业与员工在生产经营过程中,共同培育形成的共同价值观体系及其表现形式的总和。它包括企业的使命、愿景、价值观、企业精神、道德规范、行为准则、历史传统、企业制度、物质环境、企业产品等,由表面层、中间层和核心层三个层次构成。

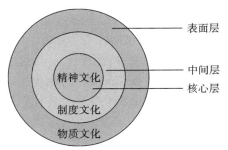

图 3-1 企业文化层次构成

(1)表面层的物质文化,称为企业的"硬文化",是外在的表现,包括企业标志、VI、外部环境、设施设备及产品的造型、外观、质量等。

(2)中间层的制度文化,包括体制、管理模式、人际关系以及各项规章制度和纪律等。

(3)核心层的精神文化,称为"企业软文化",包括使命、愿景、各种行为规范、价值观念、企业的群体意识、职工素质和优良传统等,是企业文化的核心,被称为企业精神。

二、现场文化

现场文化是以各个项目部为主体,在统一的企业文化理念的指导下形成的基层文化,它是以项目部为单元形成的,是项目部成员共同认定的思维方式和办事风格,是项目部成员付诸实践的共同的价值观体系,对项目部全体成员有潜移默化的影响力和凝聚力。

企业文化引导、影响、推动现场文化的建设,现场文化是企业文化重要的组成部分,是企业文化在基层落地的具体体现。

三、集团企业文化

1) 某某公司的使命、愿景、核心价值观

(1) 使命:为人类奉献蓝天白云,给未来留下更多资源!

在社会可持续发展的大趋势下,坚守发展清洁能源的承诺。推动从传统能源到清洁能源的历史变革,推动清洁能源成为人类的主流能源,发展成为全球清洁能源行业发展的中流砥柱。

(2) 愿景:成为国际化的清洁能源和节能环保整体解决方案提供商!

某某公司专注清洁能源和环保领域,努力让低碳、绿色、节能、环保成为人类主流的生活方式。某某公司坚持绿色设计、绿色开发、绿色管理,构建绿色循环经济产业链,打造一个环境友好、生态平衡和资源节约型企业,为客户提供个性化的整体解决方案,并通过全球资源整合和市场开拓成为国际化的企业。

(3) 核心价值观:创造价值,成就人生!

为社会提供更高效的清洁能源产品,贡献可持续发展价值;通过领先的技术和高度集成的产品服务,满足客户对质量和效益的深层次需求,为客户创造更多效益;致力于给员工提供一个可以成长的平台,助力员工实现人生价值。

2) 企业精神和理念体系

(1) 企业精神:信任、学习、创新、规范。

(2) 理念体系包括以下几方面。

经营:客户导向、精益管理、一线服务、协同协作、品质优先!

研发:源于市场、先于市场;懂现场,重实验,勤总结,力争一次做好!

质量:质量是生命线!坚持谁打质量牌,谁才有未来!

竞争:敢于竞争,善于竞争,超越自我;与对手竞争会使自己更强大!

客户:体验客户需求,创新客户价值,创造客户满意!

供应商:品质、诚信、协同、共赢!

员工:创造高效工作环境、追求快乐生活,尊重信任员工,与企业共成长!

股东:公开、透明、规范、股东价值!

社会责任:履行社会责任就是创造和谐的经营环境;履行社会责任从每一名员工做起。

第二节 团队建设

团队建设包含人员培养、项目培训、人员竞聘、项目团队活动、相关方管理、绩效管理、员工满意度等,旨在提高人员的业务能力,增强团队合作意识,提高项目团队士气。

一、人员培养

对项目成员进行定位及划分,针对不同类型员工制订不同的培养计划。

（1）对于所有的项目成员进行长期跟踪观察,对每名成员的工作能力及思想态度做出客观的评价。根据做出的评价出具有针对性的管理和培养计划。

第一类:有能力,有意愿。（项目经理人才储备）过硬的技术能力,并且思想态度端正,积极向上,此类员工为项目重点培养对象,为最大化发挥其优势,对其进行部分授权式管理。

第二类:有意愿、无能力。（新员工）工作积极,但是因为缺少培训,在工作能力方面有所欠缺,对于此类员工由本项目的项目技术负责人对其进行有针对性的技术培训,使其工作能力在最短的时间内提升,将个人的能力体现在工作当中。

第三类:无意愿、有能力。（老员工）工作不积极,但是有过硬的技术能力,对于此类人员要用激励式方法,使其转变思想态度,将更多的热情投入到工作当中。

第四类:无意愿、无能力。（不适合现场工作人员）思想态度不端正,工作不积极,不虚心学习,没有过硬的技术。对于此类人员我们采取谈话劝退,并与人资进行协商,使其认识到工作的重要性,对其进行技术培训等措施。

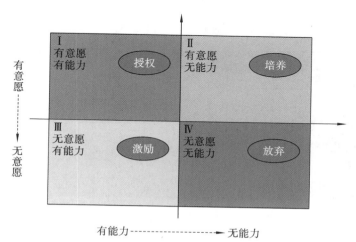

图 3-2 项目成员的定位

（2）对人员动态进行可视化管理。人员动态划分为在现场工作、外出培训及进行调休三个方面,对现场工作人员在现场时间进行统计,以"正"字为标准,每一笔画代表十天,当写出一个"正"字后,项目经理结合现场工作进行调整,该项目成员进行为期十天的工作交接后,可以进行调休(可根据项目实际工作情况进行灵活安排)。

在现场工作成员如精神状态良好,满足工作需求,可将"笑脸"放在自己名字后,如果某日感觉状态不佳,可将"哭脸"放在自己名字后方,项目经理每日安排工作时,可根据成员状态进行调整,保证工作高效完成。

表 3-1   人员动态管理

姓　　名	现　　场	培　　训	调　　休	累　　计

(3)成长目标管理,项目经理和项目成员制定相应的周期性培养需求及目标。

①对每名项目成员进行全方位评估,制作人员技能矩阵图。一方面使每名项目成员对自己优点及不足有直观了解,使自己在今后的工作、学习中有明确的方向;另一方面项目经理可以按照人员技能的掌握程度安排相应的工作,并确定该成员今后的培养方向。

技能标准	不会操作	在指导下操作	技能水平一般	优秀	卓越
姓名	技能岗位	项目管理	安全	物资	技术	库房	信息	写作	沟通
	技术负责人								
	技术负责人								
	安全员								
	物资								
	安全员								
	库房管理员								
	信息员								

图 3-3   人员技能矩阵图(skill matrix)

②项目成员每月根据自身成长需要制订目标计划,计划表包括:确定本月目标;实现此目标的行动计划(包括时间表);分析实现此目标现存的障碍或阻力,克服障碍的解决方案;完成此目标的衡量考核标准,如果未完成,则进行原因和偏差分析,并制订下一轮新计划(P—D—C—A)。

③制定人员目标管理档案,将项目成员每月目标管理整理成册。

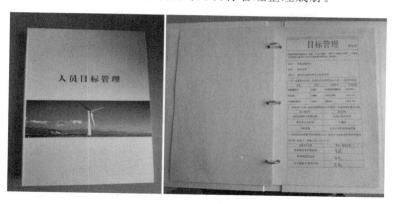

图 3-4　人员目标管理

表 3-2　目标管理表

目标管理

　你想要实现的目标是什么(注意:不只是"期望",而是一个实际的"结果")? 自身技术和管理能力提升,对项目成员需求进行相关培训,协助项目人员成长。

目标一:

目标二:

目标三:

1. 为了实现你的目标,你将制订怎样的行动计划?(包括时间表)

任务	协助人	所需资源	完成日期

2. 实现这个目标,现存的障碍或阻力有哪些? 克服障碍的解决方案有哪些?

阻力或障碍	解决方案

3. 完成此目标衡量考核标准是什么? 如没有完成要进行原因和偏差的分析。

衡量考核标准	原因、偏差分析

新员工培养计划：

1．员工座谈

在新员工来到项目后，先座谈（聊天）3 次以上，座谈内容包括：①了解新员工的学历、所学专业、特长、爱好，并完善其资料，方便后续项目上的工作安排；②介绍风电行业现场的工作情况和环境，避免工作时感到不适应。

2．安全培训

安全培训是新员工工作前的重点工作，安全培训内容是让新员工了解风电行业的最新知识，培训效果会对新员工以后的工作产生较大的影响，所以培训要全面规范（包括培训记录、考试、岗位说明书、两证等）

3．质量培训

质量是企业赖以生存和发展的保证，是开拓市场的生命线。质量管理需要遵循系统化、全员参与、持续改进的原则，并通过制定与质量相关的标准和流程来保证质量的稳定和可持续发展。新员工质量培训就是要让新员工了解质量管理的基本原则和方法，达到学以致用。

表 3-3　项目新员工培养计划表

时间	成长计划	需要掌握内容和技能	责任人	评判标准
第一周	安全	新员工三级安全培训		手册内容抽查
第二周	整机	了解整机电控组成，包括接线手册、调试手册		手册内容抽查
第三周	SM 系统	会使用 SM 系统创建、完结工单		手册内容抽查
第四周	电控-主控	整机图纸		图纸与调试工作可以同步交叉进行，考察以要求项为基本条件。以具备独立调试、基本故障处理能力为最低要求
第五周	电控-变流	整机图纸		
第六周	电控-变流	软件、程序		
第七周	电控-变桨	整机图纸		
第八周	电控-变桨	软件、程序		
第九周	整机-调试	参与调试工作		
第十周	整机-调试	独立调试工作		
第十一周	整机-故障处理	掌握故障处理流程		故障案例
第十二周	整机-故障处理	具备基本故障处理能力		技术论文

请项目经理根据员工成长计划，结合项目工作进行安排。新员工要求每天有工作日志，总结学习点；周日提交一周学习要点。技能达到要求后方可转正。

二、项目培训

项目现场需根据实际需求制订全面合理的年度培训计划,包含技术、安全等方面,经项目经理审核后方可执行。

表 3-4　项目培训内容

序　　号	安全培训内容	技术培训内容
1	事故案例	风电机组图纸培训
2	法律法规	常见故障处理
3	管理制度	机组通信培训
4	应急预案	技改流程培训
5	交通安全培训(司机必须参加)	物资相关培训
6	新员工三级安全教育	运行维护培训
7	安全生产知识和技能	机组检修培训
8	其他培训	其他培训

项目技术负责人、安全员根据年度培训计划组织项目人员进行培训,留存培训签到表、培训记录、培训效果评价。

三、人员轮岗管理

1. 轮岗条件
(1)在现有岗位上工作期满一年,年度绩效考核良好;
(2)积极主动完成项目经理交给的工作任务;
(3)能够完成项目目标责任书分解到个人的指标;
(4)安排有发展潜质人员进行轮岗,根据关键岗位人才梯队建设规划,对表现优秀的后备人选进行系统的轮岗安排;
(5)员工可根据自身职业生涯发展规划,结合公司业务发展需要,申请岗位轮换。

2. 轮岗实施流程
(1)与项目员工单独沟通确定轮岗岗位;
(2)岗位轮换方式及对接人,确定轮岗岗位职责,做好轮岗岗位的培训和交接;
(3)一个轮岗周期结束后进行轮岗评估;
(4)根据岗位职责,轮岗员工进行总结;
(5)根据岗位职责进行绩效评估;
(6)在轮岗期间表现优异者给予项目激励。

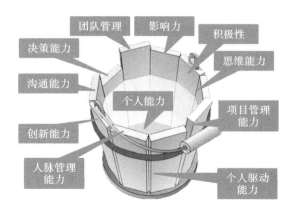

图 3-5　轮岗条件

3．人员沟通确定轮岗岗位

表 3-5　项目人员沟通表模板

姓名		出生年月	
籍贯		入职时间	
学历		婚姻状况	
专业		个人特长	
移动电话		邮箱	
个人特长 兴趣爱好			
工作能力	1．在哪些项目做过哪些工作？ 2．吊装能力（吊装台次）？ 3．接线能力（接线台次）？ 4．调试能力（调试台次）？ 5．故障处理能力？ 6．是否在其他公司从事相关职业？ 7．担任过的职位（如调试负责人、吊装负责人）		
沟通能力			

人员定位	1. 个人职业规划:未来 1～2 年短期规划? 2. 在哪方面比较感兴趣:物资? 安全? 技术? 管理? 3. …
管理建议	1. 对项目管理有哪些好的建议? 2. 对项目工作有哪些好的建议?

（1）岗位轮换方式及对接人。

（2）项目岗位暂时定为项目负责人、项目安全员、项目物资员、项目技术负责人四个岗位,轮岗方式为在这四个岗位上进行轮换工作,每个工作岗位轮岗期为一个季度,轮岗结束后项目经理给予轮岗评估。

（3）轮岗期间采取一老带一新的方式,每名轮岗人员负责新员工和多元化用工的培训工作;新员工和多元化用工的成长速度、现场表现也将计入轮岗人员的绩效评估范围内。

（4）每名轮岗员工负责对接客户和事业部相关负责人,负责完成客户的需求、本岗位职责内工作,在客户或者事业部有特殊要求时与项目经理沟通,及时传达给项目每名员工,制订计划、责任到人。

（5）轮岗评估每月进行一次,先由项目员工自评,项目经理根据岗位指标完成情况进行领导评分。项目经理在评估时要及时给出建议,给出指导方向,便于员工在下一步工作阶段能够更好地完成岗位目标,更好地快速成长。

表 3-6　项目轮岗评估表模板

姓名		轮岗岗位	项目负责人□ 项目安全员□	项目物资员□ 项目技术负责人□	完成情况	自评	领导评分
岗位指标完成情况	1. SM 系统、Oracle 系统关闭率						
	2. SM 系统工单完成率、合格率低于 90%,绩效扣除 5 分						
	3. 项目固定资产、计量工器具盘点每月一次						
	4. 10 天备件签收率≥95%,低于 95% 当月绩效为 0						
	5. 备件、工具账实相符率 100%,低于 100% 当月绩效为 0						
	6. 物资申请及时性≤24 h,出现一起大于 24 h 当月绩效为 0						
	7. 旧件返回及时率						
	8. 物料消耗是否超定额						
	9. 计划外工作任务						

续表

姓名		轮岗岗位	项目负责人□　　项目物资员□ 项目安全员□　　项目技术负责人□	完成情况	自评	领导评分
项目经理评估（下一步工作阶段建议）						

（6）轮岗工作总结。

工作总结是做好各项工作的重要环节。写好工作总结可以全面系统地了解以往的工作情况，正确认识以往工作中的不足，明确下一步的工作方向，提高工作效率，锻炼思考能力、写作能力、表达能力，快速提升个人综合素质。项目工作总结模板如下：

表 3-7　风电场工作总结

单位名称		姓名		岗位名称	
收档人		收件时间		记录期限	
本周工作记录	主要工作项目		完成的结果及存在的问题		需要解决的问题
下周工作计划	主要工作项目				

（7）绩效评估。

季度最终绩效总体由岗位职责完成情况、"5S"执行情况、特殊贡献三部分组成，第一部分占80%，第二部分和第三部分各占10%。以下绩效考核条款适用于未参加轮岗项目员工，同样也适用于轮岗项目员工。

①日常工作完成情况；

②项目成员的个人任务完成情况；

③项目成员对专业知识的学习情况；

④项目针对阶段性工作或者重点工作的完成情况,未完成扣 5 分,按时完成且被项目其他成员评为优秀奖励 5 分;

⑤SM 完成公司要求奖励 5 分,未完成扣除 5 分;

⑥卫生清理不合格扣 5 分,卫生清理及保持优秀加 5 分;

⑦人员库房管理符合标准,有项目其他人员验收通过,奖励 5 分;

⑧项目成员对项目机组有突出贡献的,如发现机组重大安全隐患等奖励 10 分;

⑨检修过程中认真负责,及时发现问题,解决问题,检修完成后故障频次明显降低奖励 5 分。

表 3-8　项目绩效考核表

序号	人员编号	人员姓名	岗位工作完成 (占比 80%)	5S 执行 (占比 10%)	特殊贡献 (占比 10%)	考核周期	备注	最终分数
1								
2								
3								
4								
5								
6								
7								
8								

（8）项目激励。

在轮岗期间,轮岗监督小组给出轮岗评估,表现优秀的绩效评估为 A,绩效成绩 1.2,在年底项目经理向事业部申请优秀员工称号;在轮岗期间表现极为优秀者,经片区轮岗监督小组评估并向片区汇报工作情况,根据事业部安排和个人职业规划,符合事业部要求可作为储备技术专责和项目经理培养。

四、人员竞聘

项目人员依据报名条件进行报名,竞聘相应岗位。

事业部及中心相关部门对报名人员相关资质、提交材料等进行评定,符合竞聘条件者,相关人员会通知竞聘者本人。本人按照相关通知,按时参加竞聘即可。

具体实施按照《服务中心关键岗位竞聘制度》执行。

图 3-6　轮岗评估流程图

五、相关方管理

表 3-9　相关方的工作内容

相关方类别	需进行的工作内容	责任人
服务相关方	资质审查,安全告知, 安全技术交底,安全协议收集	项目经理、安全员
内部技术支持/检查人员	资质审查,安全告知,安全交底	安全员
外部参观/检查/实习人员	安全告知	安全员
多元化用工人员	资质审查,三级安全教育	项目经理、安全员

相关方入场时,项目现场对相关方人员进行资质审查、安全告知、安全交底,作业过程中负责监督相关方作业,严格按照《国内服务项目相关方安全管理规定》进行工作,确保工作顺利、有效开展。相关方在工作过程中违反相关规定,有权要求相关方退场或禁止其入场。

项目经理需根据公司相关规定,明确相关方的工作内容,并进行相关事宜的宣贯及告知工作,合理安排人员工作。

六、项目检修外包方人员的安全管理

1. 检修外包方人员入场前资质审查

由现场项目经理联系检修外包方工作负责人,在检修外包方进场前一周,向项目现场提交资质审查相关文件,项目经理在收到外包方提供的相关资质后协同项目兼职安全员对检修外包方的资质进行审查,确定检修单位是否符合公司对检修外包方的要求。

检查项有:外包方所在公司营业执照、安全生产许可证、电监会许可证、外包人员登高作业证、外包人员体检报告、外包人员保险单、液压扳手检定报告、车辆交强险保单、外包方公司对外包人员的授权证明。

表 3-10 检修外包方资质审查相关内容

一、检修外包单位营业执照,主要检查项:	二、检修外包单位安全生产许可证,主要检查项:
1. 检修外包单位名称;	1. 检修外包单位是否具备安全生产许可证;
2. 检修外包单位是否具备正规的营业执照;	2. 安全许可证的许可范围;
3. 风机检修工作是否在检修外包单位经营范围内;	3. 安全许可证是否在有效期内;
4. 检修外包单位的营业期限是否在有效期内	4. 若安全许可证超期,则应提供安全许可证延期核准证;
	5. 安全许可证延期核准时间是否在有效期内
三、检修外包单位的电监会资质,主要检查项:	四、外包单位人员资质审查,主要检查项:
1. 检修外包单位是否具备电监会许可证;	1. 检查外包单位人员是否具备登高证等特种证件;
2. 电监会许可证是否在有效期内;	2. 检查特种作业证是否在有效期内;
3. 风机检修工作是否在电监会许可证涵盖范围内	3. 核对证件照片、名字与持证者本人是否相符
五、外包单位人员体检报告,主要检查项:	六、外包单位人员保险单,主要检查项:
1. 检修外包方人员身体情况是否有不适宜进行风机检修工作的疾病;	1. 检修外包方工作人员是否具有必要的意外伤害保险;
2. 体检报告出具单位或医院是否是正规医院,且具备体检能力	2. 保险是否在有效期内;
	3. 保险金额是否足够赔付意外伤害状况;
	4. 若意外保险保单为集体保险,应提供保险人员名单,且应盖有具备法律效应的公章
七、外包单位检修用液压扳手检定报告,主要检查项:	八、外包单位检修车辆检查,主要检查项:
1. 是否具备液压扳手检定报告;	1. 交强险保单是否在有效期内;
2. 检定报告中检定结果是否合格;	2. 交强险保单上车牌号是否与现场车辆一致;
3. 检定报告是否在有效期内;	3. 检修外包方车辆里程数是否超过公司规定的15万公里
4. 检定报告中液压扳手型号和编号是否与现场使用的液压扳手相对应	

续表

九、外包单位检修车驾驶员资质，主要检查项： 1. 驾驶员是否具有驾驶证； 2. 车辆驾驶员驾龄是否符合复杂路况行车的要求； 3. 驾驶证是否在有效期内	十、外包单位对现场检修人员进行授权 证明此工作人员符合我公司人员要求，具备检修相关工作的能力

2. 检修外包方人员入场安全培训

当检修外包方进场后，对检修外包方人员进行安全教育和安全考试，并形成记录。

（1）外来人员安全告知：

风电场外来人员安全环境告知

工程现场安全环境告知

（本告知只针对非本现场非公司内人员进入工程现场）

为积极响应国家及公司提出的安全政策，根据相关管理文件规定，对进入我公司风电场的非现场人员进行以下安好环境告知：

1.被告知人进入风电场，必须对本单位或个人在本风场的作业内容与我公司工程部管理人员进行相关作业内容沟通确认，提供进入本风电场作业的相应材料证明或相应工作准入资质材料，获得许可后执行，并严格遵照我公司风电场工程部要求，进行各项作业。

2.风机内作业根本要求：

2.1 进入现场需按要求正确佩戴安全帽和安全用具。现场禁止穿高跟鞋、凉鞋、拖鞋、裙子、背心或赤膊，禁止在从事加工、制造、高处作业等时不按规定着装；

2.2 严禁进入本风电场作业的任何人员/组织，对未获准许的设备举行操作，严禁进行作业内容之外的工作。启停风电设备应提前通知风电场业主及工程部，工作终止后需清理工作面；

2.3 风速≥11米/秒时（10分钟平均风速）禁止在机舱内和轮毂内工作；

2.4 禁止酒后进入工作现场，进入工程现场需提前通知工程

图 3-7 外来人员安全告知单

（2）外来人员登记表：

外来人员登记表

序号	日期	公司名称	小组负责人姓名	联系方式	其他成员姓名	有无登高、气割、电臂、电气、吊装等特种作业证	证书是否在有效期内	主要工作内容	备注

图 3-8　外来人员登记表

（3）项目现场登高作业禁忌病安全告知：

项目现场登高作业禁忌病安全告知

因风电行业项目现场作业需要，项目现场需要进行登高特殊工种作业。依据国家相关安全生产法律、法规规定，从事登高等特种作业人员应身体健康、无妨碍从事本工种的疾病或生理缺陷，故为了个人在风电场作业的人身安全，请所有进入项目现场的人员如实登记填写项目现场作业禁忌病登记表，如患有相关风电场登高作业禁忌病者或个人正在服用精神类药物，各项目应及时上报所属服务中心并告知该人员禁止进行攀爬风机作业。

登记范围：所有项目现场人员及外来人员必须进行登记，项目存档备案。

要　　求：本告知和项目安全环境告知一网使用，所有人必须如实填写，以便合理安排工作。

特别提醒：若直系亲属患有家族遗传风电场登高禁忌病者请务必如实告知，以便合理安排工作。

风电场现场登高作业禁忌病包括：

序号	名称	序号	名称	序号	名称
1	高血压	4	反复发作的支气管哮喘	7	眩晕症
2	心脏病	5	精神病	8	贫血
3	恐高症	6	服用精神类药物	9	颈椎病
10	妨碍从事本职工作的疾病和生理缺陷等				

图 3-9　禁忌病告知单

（4）外来人员项目现场工作安全交底：

安全交底

项目名称		设备装置		
施工单位		交底时间		交底人

一、总则：

1.1 风场现场工作必须坚持"安全第一、预防为主、综合治理"方针。

1.2 任何工作人员发现有违反本次安全交底内容，并足以危及人身和设备安全者必须予以制止。

1.3 各级领导人员都不准发出违反本次安全交底工作的命令。工作人员如接到违反本次安全交底工作的命令，应拒绝执行。

1.4 任何工作人员除自己严格执行本次安全交底工作外，还应督促周围人员遵守本次安全交底内容。

二、起吊设施安全要求：

2.1 起重指挥应由技术熟练、懂得起重机械性能的人员担任，指挥时应站在能够照顾到全面工作的地点，所发信号应事先统一，并做到准确、宏亮、清楚。

2.2 对于5吨以上的设备和构件，风力达五级时应停止吊装。

2.3 所有人员严禁在起重吊物下停留或行走。

2.4 使用卡环应使长度方向受力，抽插卡环应预防销子滑脱，有缺陷的卡环严禁使用。

2.5 起吊物件应使用交互捻制的钢丝绳。钢丝绳如有扭、变形、断丝、锈蚀等异常现象，应及时降低标准使用或报废。

2.6 编结绳扣(千斤)应使各股松紧一致，编结部分的长度不得小于钢丝绳直径的15倍，并且不得短于300毫米。用卡子连成绳套时，卡子不得少于三个。

2.7 地锚(桩)应按施工方案确定的规格和位置施工，如发现有沟坑、地下管线等情况，应及时报告施工负责人采取措施。

2.8 使用绳卡，应将有压板的放在长头一面，其应用范围应符合有关规定。

（左侧竖排）**安 全**

6.3 使用完毕后，应断开电源。

6.4 在使用提升机时不能超过提升机的额定起吊重量。

七、其他相关安全注意事项

7.1 发现有人触电，应立即切断电源，使触电人脱离电源，并进行急救，如在高空工作，抢救时必须注意防止高空坠落。

7.2 使用砂轮研磨时应戴防护眼镜或装设防护玻璃，用砂轮磨工具时应使火星向外，不准用砂轮的侧面研磨。

7.3 凡在离地面2米及以上的地点进行的工作都应视作高空作业。工作时必须使用安全带及采用安全措施。

7.4 遇有电气设备着火时，应立即将有关设备的电源切断，然后进行救火。地面上的绝缘油着火应用干砂灭火。

7.5 对可能带电的电气设备以及发电机、电动机等应使用干式灭火器、二氧化碳灭火器或1211灭火器灭火。

7.6 地面上的绝缘油着火应用干砂灭火。

7.7 风动工具的锤子、钻头等工作部件应安装牢固，以防工作时脱落，工作部件停止转动前不准拆换。

7.8 喷灯的加油放油以及拆卸喷火嘴或其他零件等工作，必须等待喷火嘴冷却泄压后再进行。禁止在风机外试用喷灯。防止野外着火。

监督人（签名）：
施工人员（签名）：

（右侧竖排）**被 交 底 人 签 名**

图 3-10 安全交底

（5）外包方人员安全规程考试。

（6）外包方人员进场检查单。

完成上述安全培训并考试合格后由业主为检修外包方人员颁发工作证(中广核业主会下发风电场生产运维生命红线，并在每日工作前宣读生命红线内容，提高安全意识)。

（7）检修外包方人员检修工作的质量安全把控：

①到达风机现场后，先由业主监护人员对检修外包方人员宣读工作票、危险点预控票、安全交底。

②工作票宣读完毕后，要求检修外包方人员在每日工作前必须检查自己的个人安全防护用具，如发现破损应立即停止工作并更换，直到检查合格后方可继续工作。

③检查完毕，确认个人安全防护用具均合格后，将安全防护用具穿戴整齐，并由现场项目经理指定的检修负责人对外包方人员进行现场安全站班制度。

④执行安全站班制度后，开始进行风机检修工作。在检修工作过程中设有两名监护人员，其中业主方一人，项目现场专职监护人员一人，并对检修工作进行全程监护。

⑤在检修过程中对检修关键点进行照相，确保检修工作的完整性，保证检修质量。

⑥对于进入轮毂内的工作必须携带工具检查清单，在进入轮毂前后对工器具进行清点，避免有工器具遗留在轮毂内，造成设备损伤。

外包工程人员安全教育考试题(公司级)

单位: _____　　　　姓名: _____

一、选择题（单选）（每题 50 分，共 50 分）

1. 安全生产方针是（　　）。

A. 安全第一、预防为主、综合治理　　B. 安全第一　　C. 预防为主

2. 每项工序施工前必须由安全、技术人员对全体施工人员进行（　　）。

A. 安全技术交底　　B. 质量交底　　C. 技术交底

3. 单位发生火灾，你首先应（　　）。

A. 及时拨打 119 火警电话并通知单位消防负责人　　B. 先自行扑救，救不了时再报火警　　C. 只拨打单位内部报警电话，不拨打 119 火警电话

4. 任何人发现火灾都应当立即报警(119)。任何单位、个人都应当（　　）为报警提供便利，不得阻拦报警。严禁谎报火警。

A. 有偿的　　B. 无偿

5. 电气工器具应由专人保管，每（　　）测量一次绝缘，绝缘不合格的不准使用。

A.6 个月　B.3 个月　C. 一年　D. 一月

6. 登高安全用具中的安全带静负荷试验每（　　）做一次。

A.2 年　B.3 个月　C. 半年　D. 一年

7. 有关电气火灾的说法，不正确的是（　　）。

A. 开关、插座和照明灯具靠近可燃物体时，应采取隔热、散热等防火措施

B. 电气火灾占火灾发生的比例较大，且大部分电气火灾是由于电气线路引起的

C. 安装电器火灾监控系统是最有效的电气火灾救援措施

8. "四不伤害"原则包括：（　　）、不伤害他人、不被他人伤害、保护他人不受到伤害。

A. 故意伤害自己　　B. 不管他人　　C. 不伤害自己

9. 拆装电气设备电源线时应确保（　　）已被切断，并设监护人，以防触电。

A. 警告标识　　B. 监护人　　C. 电源

10. 对产生严重职业病危害的作业岗位，应当在其醒目位置设置（　　）。

A. 警示标识和中文警示说明　　B. 警示标识　　C. 警示说明

图 3-11　安全考试

序号	工器具名称	型号	工器具机体编号	鉴定证书中工器具编号	鉴定证书有效日期	鉴定单位	以上检查内容是否合格

图 3-12　进场检验单

3、对外包方安全用品的检查

检查项	检查标准	检查结果	检查标准	检查结果	检查标准	检查结果	检查标准	检查结果	备注
安全帽									
安全带									
安全绳									
防坠器									
工作鞋									

4、对外包方司机和车辆的检查

检查项	检查标准	检查结果	检查标准	检查结果	检查标准	检查结果	检查标准	检查结果	备注
司机									
车辆									

图 3-13　进场检验单

附件：外包方资质复核确认表

序号	检查内容	执行及检查情况	备注
1	外包人员是否有登高证且合格		
2	是否与外包方进行了技术交底		
3	是否给外包方进行了培训和安全告知		
4	人员劳保是否符合要求（安全帽、劳保鞋、安全带）		
5	外包方使用力矩扳手、液压设备是否有检定证书且在有效期内		
6	是否对成员和外包方下发安全操作规程并进行培训		
7	是否对成员和外包方下发事故案例并进行学习		

图 3-14　进场检验单

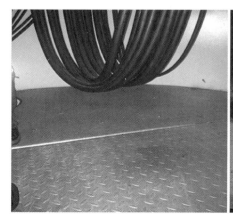

图 3-15　关键点照片

⑦工作过程中由检修外包方人员填写检修清单,每做完一项工作,工作人员在清单对应位置签名,直到全部工作完成,避免工作有遗漏,也便于后期出现问题时的追溯。

4　机械部分维护清单

4.1　塔筒

4.1.1　塔筒体　　　　　　　　　　　　　　　　　　　　　　　　　10#

步骤	动作	描述	合格	不合格	作业人	备注
1	基础环外观检查	目测漆面损伤、油污,起泡、脱落	☑	☐		
2	塔筒外部漆面检查	目测漆面损伤、油污,起泡、脱落	☑	☐		
3	塔筒内部漆面检查	目测漆面损伤、油污,起泡、脱落	☑	☐		
4	入口门及密封检查	• 检查入口门开闭是否自如; • 检查门轴无裂纹、开焊; • 检查门销插拔是否正常; • 检查密封是否完好。	☑	☐		
5	门锁检查	目测检查,功能测试	☑	☐		
6	入口门门框与塔筒体的焊缝检查	目测检查裂纹、防腐	☑	☐		
7	塔筒门的百叶窗检查	清理门板上的百叶窗及过滤网的灰尘和杂物,使用高压气吹扫或者水清洗,如有必要请更换过滤网。	☑	☐		
8	塔筒上其他与塔筒体焊接位置的焊缝检查	目测裂纹、防腐	☑	☐		
9	塔筒法兰与塔筒体的焊缝检查	目测裂纹、防腐	☑	☐		
10	塔架平台焊合支架及其连接螺栓检查	目测松脱的连接,焊接支架焊缝处无虚焊开裂现象。	☑	☐		

图 3-16　检修清单

⑧全部检修工作结束后由项目经理填写服务外包方现场评估表,对服务外包方的工作质量进行评价。

服务外包方现场评估表

编号: JL/GL-GY(b)-16-02　　　　　　　　　　　　　　　　　　　序号:

外包方名称			服务内容		机组全年检修	评估人		
项目名称			所属片区			评估日期		
序号	类别		评估项目			标准分值	得分	具体情况说明
1	人员和设备	46	设备和人员到位情况 10分	到位很及时(通知日期 2 天内)		10		
				到位及时(通知日期 7 天内)		5		
				到位不及时(通知日期 7 天以上)		0		
			设备完好性 6 分	施工工器具满足施工要求且完好		6		
				施工工器具的种类和套数不满足施工要求		3		
				施工工器具严重不足或没有		0		
			设备检测性 10 分	计量工器具经过第三方检验合格,有检验合格单且在有效期内		10		
				计量工器具部分经过第三方检验合格,有检验合格单且在有效期内		5		
				计量工器具未经过第三方检验,或检验合格单与设备不符或虚假		0		
			人员资质 10 分	作业人员均有登高证和电工证,证件在有效期内		10		
				作业人员均具有登高证,且每组至少有一人有电工证,证件在有效期内		5		
				作业人员出现无登高证,或每组无一人有电工证,或证件出现虚假		0		
			安全劳保用品 10 分	安全劳保用品(安全衣、安全帽)满足施工要求且完好		10		
				安全劳保用品(安全衣、安全帽)套数不满足施工要求或有破损		5		
				无安全劳保用品(安全衣、安全帽)		0		
2	施工质量和进度	20	施工质量情况 10 分	施工质量非常好(按指导文件及行业标准完成,并提出建设性建议方案)		10		
				施工质量很好(完全按指导文件及行业标准完成)		8		
				施工质量较好(基本按指导文件及行业标准完成,10 项以下经检查不合格或漏项)		6		
				施工质量一般(不能按指导文件及行业标准完成,有 10~20 项经检查不合格,经过督指导达标准要求)		4		
				施工质量非常不好(不能按指导文件及行业标准完成,有 20 项以上经检查不合格)		0		

图 3-17　现场评价

			指导后仍无法按要求完成）。			
		施工进度情况 10 分	能够按照服务外包合同时间要求，提前或者按时完成服务内容。	10	10	
			滞后服务合同时间要求 10 天之内。	7		
			滞后服务合同时间要求 30 天之内。	3		
			滞后服务合同时间要求大于 30 天。	0		
3	技术能力	8	人员技术能力 8 分	非常好（能够按行业标准熟练操作各种工器具开展相关工作）。	8	8
				好（基本按行业标准熟练操作各种工器具开展相关工作，指导后可以达到要求）。	5	
				一般（基本按行业标准熟练操作各种工器具开展相关工作，培训指导后还不熟练）。	2	
				非常差（无法按行业标准熟练操作各种工器具开展相关工作）。	0	
4	人员管理	5	人员管理方面 5 分	态度好、很配合、快速行动、精神面貌好，人员数量能满足工作要求。	5	5
				态度不好、不愿配合、行动缓慢，精神状况差，人员不足。	2	
				态度极恶劣，极不配合。	0	
5	安全与环境	16	安全 10 分	施工过程中能够按照施工安全要求进行施工，未发现违章操作行为。	10	10
				施工过程中违章操作行为达到 D 级（见安全管理奖惩制度附录）。	8	
				施工过程中违章操作行为达到 C 级（见安全管理奖惩制度附录）。	6	
				施工过程中违章操作行为达到 B 级（见安全管理奖惩制度附录）。	4	
				施工过程中违章操作行为达到 A 级（见安全管理奖惩制度附录）。	2	
				施工过程中发生轻伤事故及其他安全事故。	1	
				施工过程中发生重伤事故。	0	
			环境 6 分	机组卫生及工作现场清理整洁。	6	6
				机组卫生及工作现场清理在检查中出现不合格能够迅速整改且效果良好。	4	
				机组卫生及工作现场清理在检查中出现不合格在督促下做出整改且效果一般。	2	
				机组卫生及工作现场清理在检查中出现不合格在多次督促下来进行整改。	0	
6	客户满意度	5	客户满意度 5 分	业主对服务外包质量和进度满意。	5	5
				业主对服务外包质量和进度满意一般。	3	
				业主对服务外包质量和进度不满意。	0	
	得分合计			88		
	项目整理		签字：			日期：

续图 3-17

⑨由项目现场项目经理填写机组检修验收单。验收合格并经业主同意后，检修外包方离场。

⑩建立外来人员管理档案，每个相关方分别建立一个档案。活页档案方便整理，添加相关文件。

图 3-18　外来人员档案

⑪制作本档案卷内目录及页码,对外包方资料进行统计整理,包括签名页、公司资质、人员资质、计量器具资质、入场安全告知、安全培训、考试试卷、习惯性违章处罚告知及服务外包方现场评估表等。

序号	文件编号	责任者	文件题名	日期	页数	备注
1		哈密事业部苦水第三龙源项目	签名页	2016.03.01	1	
2		北京汇通聚源科技有限公司	龙源哈密东南部苦水第三风电场一、二期201MW项目金风1.5MW机组阻燃缠绕管技改公司资质	2015.11.06	2	
3		北京汇通聚源科技有限公司	龙源哈密东南部苦水第三风电场一、二期201MW项目金风1.5MW机组阻燃缠绕管技改人员资质	2015.03.05	18	
4		北京汇通聚源科技有限公司	龙源哈密东南部苦水第三风电场一、二期201MW项目金风1.5MW机组阻燃缠绕管技改人员入场安全告知	2016.03.01	35	
5		北京汇通聚源科技有限公司	龙源哈密东南部苦水第三风电场一、二期201MW项目金风1.5MW机组阻燃缠绕管技改人员安全培训	2016.03.01	42	
6		北京汇通聚源科技有限公司	龙源哈密东南部苦水第三风电场一、二期201MW项目金风1.5MW机组阻燃缠绕管技改人员考试试卷	2016.03.01	47	
7		哈密事业部苦水第三龙源项目	龙源哈密东南部苦水第三风电场一、二期201MW项目习惯性违章处罚告知	2016.03.01	71	
8		北京汇通聚源科技有限公司	龙源哈密东南部苦水第三风电场一、二期201MW项目服务外包方现场评估表		72—73	

图 3-19　卷内目录

⑫按照卷内目录将相关文件按顺序放入档案盒中,并在最后放入卷内备考表,用于说明档案内容真实、齐全、完整。

（8）第三方人员流动性较大,多组人员不会同时在场,相关安全资料经常性添加、变动,多组人员资料混放很杂乱且不易查找,不利于安全工作的开展。故建立活页档案盒随时整理、添加并归类。当资料整理齐全并确定不会发生变动时,可将该第三方资料装订成册进行留档。

3. 多元化用工人员在项目现场服务的具体工作内容

（1）机组所有故障处理;

（2）机组巡视及消缺;

（3）机组辅助改造;

（4）机组检修、清洁;

（5）风电场从事的其他工作内容。

多元化人员到场后进行面谈记录、安全环境告知、禁忌病告知、安全交底、外来人员登记表、特种作业资质登记表、培训记录、培训签到表、现场培训考试、新员工三级安全考试、登高证与电工证存底等工作,根据人员的兴趣爱好及所学专业、工作经验对人员进行分配,确定

图 3-20　档案内容

图 3-21　第三方资料装订成册

技术类(安装、调试、运维)、安全类、物资类、资料类等方向。

师徒制建立:

(1) 师徒制建立原则:一对一原则(最多一对二);

(2) 按季度或者年底对师徒教授、学习情况进行考核,评选最优师傅、徒弟;

(3) 奖惩办法:根据能否单独带队进行作业能力进行评选,以绩效成绩为主。

XX 服务事业部师徒责任承诺书

在签署本责任承诺书之前,请仔细阅读相关的内容,认真、严谨对待本承诺书。师傅和徒弟的权利和义务 2016 年度内有效,徒弟的对象为 2016 年 1 月入职培训的新员工(第三方),师徒关系确立后,即使因工作原因分开,师徒关系仍成立,师傅要及时通过电话、QQ、邮件等方式掌握徒弟学习情况和工作态度,督促徒弟进行学习。如有特殊原因需要在有效期终止师徒关系的,需向片区说明并重新签署师徒责任承诺书。

一、师傅的权利和义务

(1)师傅应带领徒弟尽快地融入现场的工作学习,注意新员工刚到现场的心态变化及需求,及时进行引导沟通;对徒弟在学习、工作上的各种疑问,要积极帮助解决;如有需要,及时与片区反馈。

(2)师傅在带领徒弟进行现场工作时,应详细指出现场的各种危险源;做到随时提醒、及时制止,并为徒弟做好表率。

(3)师傅应敦促、指导徒弟进行学习,熟练掌握吊安装、调试流程;在师德、技术素养方面以身作则,把好的工作习惯传递下去,培养徒弟严谨负责的质量态度。

(4)师傅应该教授徒弟掌握的内容:参照《XX 服务事业部新员工成长档案 1.5MW/2.0MW 维护、调试项目》内容,但不限于此。

(5)人员考核机制。

师傅应该根据徒弟在各阶段的学习和掌握程度,结合第 4 条人员成长档案中应知应会内容进行考核,考核通过师傅签字确认,考核要形成记录。

(6)师傅应辅导徒弟填写公司反馈的各类报表,引导新员工尽快地熟悉企业的工作流程,并指导徒弟写工作日志、给《现场》投稿、写转正论文、参加认证考试等。

(7)师傅有责任对徒弟的工作态度、学习热情、学习效果、工作能力、沟通能力等进行如实反馈,便于项目经理和片区对新员工进行能力判断,为新员工的绩效、去留问题提供参考。

二、徒弟的权利和义务

(1)徒弟应该做到主动提问,对自己不了解的内容及时请教。应该服从师傅在工作、学习方面的安排,而不能故意推诿。

(2)在师傅的引导下,明确学习目标,制订好月度工作计划,分解每周的工作、学习内容,并记录好每天的工作学习情况。

(3)除项目安全考核外,徒弟需得到师傅的安全认可,方可上岗工作。

三、其他

(1)XX 服务事业部师徒制为一对一原则(最多一对二),年底片区将对师傅和徒弟的教授、学习情况做考核,评选优秀师傅、优秀徒弟。本奖惩只针对片区组织的考试,分别为吊装和调试;考试的排名只针对到现场 2 个月以上的员工。

(1)奖励办法:

第一名:师傅、徒弟当月绩效分别加 10 分;

第二名:师傅、徒弟当月绩效分别加 5 分。

注:第一名和第二名奖励,分数必须超过 80 分才有效,低于 80 分不进行奖励。

处罚办法:

倒数第二名:师傅、徒弟当月绩效分别减 5 分;

倒数第一名:师傅、徒弟当月绩效分别减 10 分。

(2)项目经理对项目现场新员工的培训负有督促责任。片区技术负责人不定期到项目对项目培训情况进行检查、监督;检查期间根据项目培训情况,对项目经理绩效加减 5 分(项目培训情况考核:每周技术培训的组织检查、培训记录检查、员工的学习情况考核)。

(3)新员工成长档案在新员工转正时和转正论文统一提交,要有师傅签字。

本守则即日起生效,师傅和徒弟在都没有异议的情况下签署本责任书,并交由项目、片区办公室留档。

师傅:　　　　　　　　　徒弟:

　　年　　月　　日　　　　　年　　月　　日

项目经理:　　　　　　　项目名称:

　　年　　月　　日

第三节　目标计划管理

目标计划管理是通过目标网络,层层分解下达目标,使任务到人、责任到岗的一种管理方法。目标计划管理中的目标不是上级强加的,而是由员工和下属部门在上级的协助下制定的;目标的完成是员工自我管理的结果,上级通过和员工一起协商制定的目标完成标准来检查、控制目标的完成情况,并提供必要的资源。

一、目标计划

目标计划分为年度计划和月度计划,管理的工作流程均包括以下 5 个步骤。

（1）制定目标:根据事业部的整体目标制订项目经理及员工的年度、月度目标计划,同时要制定完成目标的标准,以及达到目标的方法和完成这些目标所需要的条件等多方面的内容;制定目标的过程中不能只考虑预算及维护工程量,需要结合机组销售合同(代维合同)、维护计划书、项目维护过程中存在的风险、机组质量、人员问题等全面考虑来确定项目的最终目标。

（2）目标分解:建立项目目标体系,将年度目标计划分解到各月,将月度的目标计划分解到周并落实到个人,明确各项需要协调的资源等。

（3）目标实施:检查和控制目标的执行情况和完成情况,看看在实施过程中有没有出现偏差,如果出现偏差对其进行分析并采取纠偏措施。

（4）检查实施结果及奖惩:对目标按照制定的标准进行考核,目标完成的质量与个人的绩效挂钩。

（5）信息反馈及处理:在目标计划实施的过程中可能会出现一些不可预测的问题,进行考核时,要根据实际情况对目标进行调整和反馈。

二、项目关键过程管理

（1）各项指标在实施的过程中务必落实到个人,责任到人。
（2）在过程中需要跟踪指标完成情况,并对有问题的指标及时进行分析并进行整改。
（3）每月对指标完成情况进行统计,分析风险点,保证年度指标的完成。

三、绩效管理

事业部需根据年度目标责任书及实际情况为项目经理及员工制定合理的绩效指标,制定好指标后,项目人员按照自己的绩效指标进行工作,下季度初对本季度工作完成情况在OA 中进行总结。上级领导根据项目员工本季度工作表现进行评分。

项目经理可不定期组织项目员工进行绩效对比、分析、评价,对不合理或者有问题的地方,报相关部门进行动态调整,以保持绩效指标的有效性及各项目的协调一致性。

项目员工请假或者旷工达到一定程度时,会对员工当季度绩效工资造成影响,具体实施依据《假期绩效工资发放补充规定》执行。

 第四节　安全质量管理

项目的安全管理是项目一切工作的前提。安全管理工作涵盖项目危险源辨识、法律法规识别、安全管理方案的执行、现场应急处置方案、应急演练、安全站班、日常检查、安全例会、劳保用品管理、消防设施管理、化学品管理等。对机组的安全管控点有:吊装、接线、调试过程的危险源辨识和预防措施。

1. 以安全站班为例

根据平常项目工作,进行安全站班内容的调整,使日常安全站班更有针对性地进行危险源描述。

1)内容描述

X 年 X 月 X 日项目在进行"GW87-1500 机组叶片腹板加固技术改造"过程中,厂家人员在搬运叶片专用扶梯等金属工具的过程中,触碰到叶片的 5 度接近开关或 92 度限位开关(Vensys 变桨),造成叶片瞬间转动,如果人在转动叶片附近或者在叶片内,可能会造成人员夹伤。

2)原因分析

(1)相关方成员不知道触碰到 5 度接近开关或 92 度限位开关会造成叶片转动;

(2)安全站班没有将该危险点宣贯到位;

(3)工作负责人没有履行监护的职责。

3)解决对策

(1)进行每日安全站班告知,项目安全员提醒叶片厂家人员注意触碰到叶片 5 度接近开关及 92 度限位开关的危险性,每人在安全站班纸质版上签字确认。由于叶片腹板加固技改维护所需的工具及物品较多,风机运维人员(工作负责人)锁定叶轮后断开滑环电源,或者锁定叶轮后直接将 3 个变桨柜开关 Q1 断开,确定叶片不会发生转动,再允许厂家人员进入叶轮进行工作。

(2)工作负责人现场监护,防止相关方触碰到叶片 5 度接近开关及 92 度限位开关。

4)改善前后反馈

改善前的安全站班内容没有落实相关危险源辨识,叶片厂家人员危险源辨识模糊。

改善后的安全站班内容添加相关叶片 5 度接近开关或 92 度限位开关的危险源辨识,叶片厂家人员能够掌握相应的危险源。

2. 以劳保用品管理为例

1)对脏安全帽的整改

(1)内容描述:夏季天气炎热,使用过的安全帽帽衬已经被汗液浸湿,在皮卡车往返项目现场的过程中,放在车斗内的安全帽帽壳再一次被尘土污染,这样不符合 5S 管理标准。

如果能够清洗一次安全帽,便可以保持安全帽吸汗带、衬垫、帽壳的整洁。工作者戴上干净的安全帽既能保持头部卫生,也有一个好心情去工作。

(2)原因分析:夏季使用的安全帽帽衬已经被汗液浸湿,加上尘土的污染,使整个安全帽特别脏,这样的安全帽影响头部卫生及使用者心情。

(3)解决对策。

①用洗洁精清洗受污染安全帽的帽衬及帽壳;

②将安全帽的管理纳入项目的5S检查项目中;

③对安全帽进行具体标注,明确帽子所属个人,个人加强对帽子的保护。

(4)改善前后反馈。

改善前,安全帽较脏,没有标注到个人名下,没有实施细化管理;

改善后,安全帽用洗洁精清洗干净,标注到个人名下,提高个人对自己劳保用品的保护意识。

3.对劳动保护用品的细化管理

项目针对个人劳动保护用品进行逐一细分,除安全帽以外,全身式安全衣、安全锁扣、双钩绳具体划分到个人名下,张贴标签。具体整改说明如下:

(1)对不合格劳动保护用品进行申请报废,填写劳动保护用品报废申请单,以及劳动保护用品报废清单,报请事业部安全专责及物资专责审批报废。

(2)对个人现有劳动保护用品进行划分,将劳动保护用品标注到个人名下,要求项目成员保护好自己的劳保用品,安全员每月更新劳动保护用品台账,每月对劳动保护用品进行检查。

 # 第五节 项目质量管理

质量管理分为质量保障和质量控制两部分内容,项目质量管理分为项目自检、质量安全部专检以及中心和事业部监管三个层级。

一、质量保障机制

表 3-11 质量保障机制

保障机制	机制解释
预防要早	通过执行预防性维护、精细化维护等工作,逐步提高机组运行稳定性
响应要快	发生质量问题时,严格按照公司及事业部响应流程执行,协调各方资源提升响应速率,减少停机时间
标准要高	各项工作严格按照标准执行,并不断总结经验优化工作标准,提升工作效率
效果要好	多与客户沟通,了解客户真实需求,努力达到或超越客户预期效果

二、质量控制

1. 项目进入质保阶段质量控制

项目接入要严格按照建设项目过程记录文件清单对质保文件进行检查。除对机组运行数据、状态进行检查和分析外，对机组实物要重点进行检查，对于建设期间遗留的问题要立即处理，短期不能解决的，双方需签订遗留问题确认单。

售后项目经理在编制维护计划书前，要与建设项目经理进行充分沟通，了解项目基本信息、客户关系、风险点等，制定符合该项目切实可行、具有指导意义的维护计划书。

2. 故障处理阶段质量控制

充分利用远程监控预警平台，对机组实时运行状态进行预警，对预警问题进行有效排查和消除，同时项目技术负责人要主动对机组运行数据进行筛选和排查，总结经验和方法，不断优化和提升现场人员的问题发掘和处理能力。

故障处理过程中，要认真排查故障点、深究故障深层原因、找到问题根源，一次性处理完成，杜绝故障频发，增加消耗。

故障处理完成后，要对故障处理过程进行分析和记录，形成《故障处理确认单》和《故障处理报告》。

3. 机组定检质量控制

定检工作开始前，对需要的物资、器具进行盘点，保障检修物资满足需求，设备器具要经过专业机构鉴定。

定检人员需经过专业培训，技术娴熟，并遵循运行维护手册进行定期检修作业。

检修时，必须手持检修清单，逐条进行检查维护，逐条记录检查维护结果，对重要步骤以影像、图片方式记录，以确保检修质量。

检修作业完成后，要形成《某某公司机组检修记录》《机组 500 小时、半年、全年检修报告》。

4. 日常巡检质量控制

巡检人员要经过专业培训，熟练掌握机组的各项性能，巡检时，工作人员必须手持巡检单，逐条进行检查维护、记录检查维护结果，以确保巡检、消缺质量。如发现缺陷，项目人员必须填写《缺陷统计跟踪表》，对不影响运行的小缺陷，在没带专用工具的情况下可下次巡检时进行处理，但一定要记录准确，对影响运行的缺陷应立即处理。需要采取防范措施的缺陷，做好防范措施后方可开展，消缺完成后及时填写缺陷处理记录。具体内容按照《某某公司机组巡检单》执行。

5. 大部件更换质量控制

大部件施工前，要组织吊装方进行安全交底、技术交底，同时检查吊装方《施工组织计划》，提交相关方审核、存档，同时需对吊装方特种设备、人员资质等进行审核，如现场发现证件不全或过期，绝不准许吊装方开工，直到证件齐全，并电话告知监控部、售后管理部，同时用邮件、即时通通知日报需要发送的人员。

检查吊具的检验合格证。对吊具外观的检查，项目现场复核检验合格证，如果吊具没有检验合格证或合格证过期,必须停工,并电话告知监控部、售后管理部,同时用邮件、即时通通知日报需要发送的人员,直到有合格吊具才能开工,开工前报备质量安全部。

严格执行安全规程,控制施工条件,在大风和雷雨天气或有安全风险时,绝对不允许吊装。在吊装开始前,填写施工质资审核表,吊装完成后,签收合同验收单,全程把控吊装质量,主机设备更换完成后,对整机进行验收。

6.技术改造质量控制

项目收到技改物资后,3个工作日完成技改物资清点工作,并对技改物资质量进行检查,严禁未清点到货物资就在系统做签收操作的情况发生。

项目在某项技改工作开始前,应组织项目人员召开该项技改工作会议,会议主要确定技改工作的安排,并使参加技改的所有人员全面熟悉技改内容、技改方案及保证技改质量的要求。

技改负责人负责监督小组成员工作质量,保证严格按照技改作业指导书要求的标准进行工作,严禁私自改变技改作业标准。

首台机组技改作业完毕后,项目现场应进行技改工作技术规范及质量验收,经验收确认符合规定要求后可继续进行技改工作。

项目经理作为现场第一责任人,要不定期对技改质量进行抽查,对工作中存在的质量问题及时纠正,并保留检查记录。

事业部应定期安排人员到项目对技改质量进行抽查,监督项目技改情况,并形成抽查记录。

售后管理部每月向质量安全部提交技改完成情况,并通知质量安全部派人到技改完成项目进行检查,反馈检查情况。

7.最终验收阶段质量控制

项目现场负责人、风电场相关负责人、业主委托的第三方组成最终验收小组,依据双方认可的验收检查标准对机组进行验收检查并记录检查结果。

对于客户提出的问题未包含在验收清单内的,由双方协商进行解决,从提升机组运行稳定性、客户体验角度出发,完成最终验收工作。

 第六节 工作安排及实施

在项目上做任何工作都应有计划,以明确目的,避免盲目性,使工作循序渐进,有条不紊。

(1)班前会:每天早晨去现场之前进行安全站班,各项目根据实际情况安排工作并对安全事项、风险点进行宣贯,每项工作落实到个人。

(2)班后会:根据项目实际情况,工作结束之后召集项目员工对目前的工作完成情况进行总结,对工作中遇到的困难进行分享同时提出有效的解决措施。

(3)周总结会:根据项目实际情况,每周针对周计划进行总结,并进行纠偏分析,保证月度目标的完成,项目成员进行总结发言,分享经验。

（4）月度总结会:每月月底或下月初针对整月的指标完成情况及项目管理情况组织正式的会议进行总结分享,对工作完成情况进行偏差分析并做进一步的工作计划。

每月提交月度报告给业主,针对业主提出的问题采取措施以提高客户满意度。

1. 项目月工作计划安排

通过对安全、技术、物资、工具、标准、数据、质量的把控和计划需求,全员参与制订项目月计划及实施。注重过程管理,提高人员的工作效率和项目的计划性。

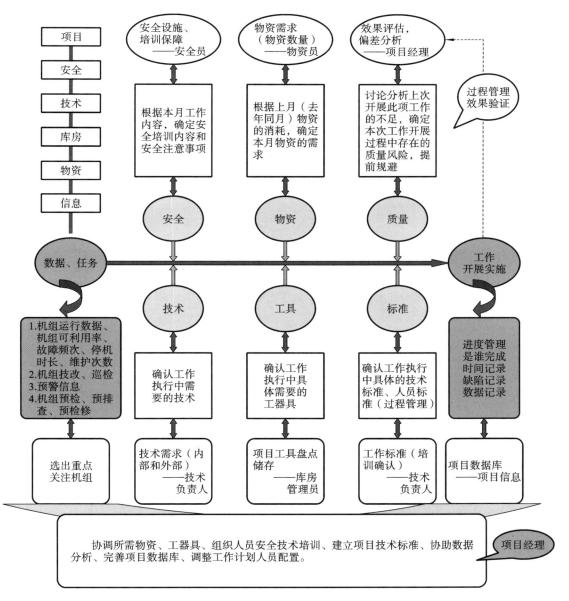

图 3-22　项目月计划安排

1）项目工具管理员

4月工器具需求表

针对4月机组工作计划，将在4月所用到的工器具进行以下罗列，望各位同事提
出需求，确保本月工作顺利开展。

序列	物料	单位	需求数量	备注
1	压力表|0~250	个	3	测偏航余压
2	T系列一字型螺栓批|6*100MM(63412)	把	3	测偏航余压
3	双开口扳手 141201G11*13)	把	3	测偏航余压/拆除风向标
4	绝缘电阻测试仪|F1508	个	3	测发电机绝缘
5	双头扳手(开口扳手)|8-10	把	3	测发电机绝缘
6	工装(30套装)	把	3	检查风向标接线
7	张紧力测量仪|HT1-400	个	3	测齿形带紧密度
8	1/2 系列专业司调式阻力扳手|68-340Mm(96313)	把	3	测齿形带紧密度
9	30/24 的套筒	个	3	测齿形带紧密度
10	滑轮扳手(58件套)	把	3	滑环维护
11	18 的套筒	个	3	滑环维护
12	公制球形内六角扳手|9件套-09[0]	把	3	史莱福林滑环维护
13	滑轮扳手(25件套)	把	3	LTN 滑环维护
14	5.5套碗/6.0套筒	个	3	LTN 滑环维护
15	数字万用表|F15B	个	3	超级电容电压测试
16	手持式光源|J31043	把	3	超级电容电压测试
17				
18				
19				
20	备性:(以下是全年检修第三组所需协调的工器具) 1. 需协调一个绝缘测试仪。 2. 需协调工装(30套装)2 把。			

> 项目针对4月
> 开展的工作计
> 划，梳理所要
> 使用的工器具

图 3-23 工具需求计划

2）项目安全员

月初根据下月开展的工作，由安全员制订相应的安全培训计划，确保本月工作的顺利开展，为人员提供安全保障。

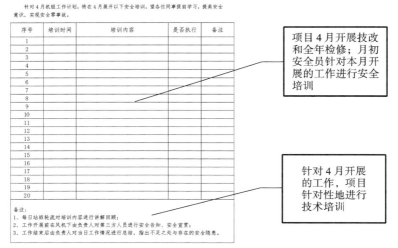

图 3-24 安全培训计划 1

3）项目技术负责人

月初根据下月开展的工作，由技术负责人制订相应的技术培训计划，确保本月工作的顺利开展，为人员提供技术支持。

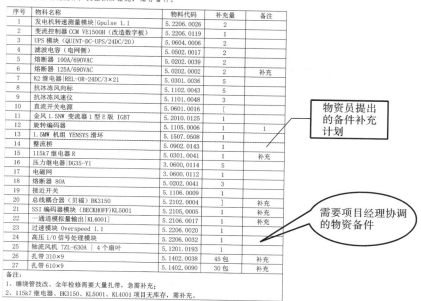

4月安全培训计划

针对4月机组工作计划，将在4月展开以下安全培训，望各位同事提前学习，提高安全意识，实现安全零事故。

序号	培训时间	培训内容	是否执行	备注
1	2016.4.1	阻燃缠绕管技改安全培训		
2	2016.4.3	风机危险点安全培训		
3	2016.4.5	全年检修安全注意事项		
4	2016.4.7	测试设备安全使用培训		
5	2016.4.10	高强度爆栓检修工具培训		
6	2016.4.13	消防安全知识培训		
7	2016.4.15	红十字急救培训——包扎		
8	2016.4.18	危险源辨识学习培训		

备注：
1、每日站班轮流对培训内容进行讲解回顾；
2、工作开展前在风机下由负责人对第三方人员进行安全告知、安全宣贯；
3、工作结束后由负责人对当日工作情况进行总结，指出不足之处与存在的安全隐患。

（项目技术负责人对项目人员的要求）

图 3-25　安全培训计划 2

4）项目物资员

月初根据下月开展的工作，由物资员根据上月备件消耗情况和去年同期备件消耗情况制订本月物资需求计划，确保本月工作的顺利开展和故障处理的及时性，为项目工作提供物资支持。

物资需求计划

针对 2016 年 4 月工作计划，对 2015 年 4 月和 2016 年 3 月消耗备件进行统计，掌握消耗规律，提出预防措施，储存备件。

序号	物料名称	物料代码	补充量	备注
1	发电机转速测量模块|Gpulse 1.1	5.2206.0026	2	
2	变流控制器 CCM VE1500H（改造数字板）	5.2206.0119	1	
3	UPS 模块（QUINT-DC-UPS/24DC/20）	5.0604.0006	2	
4	滤波电容（电网侧）	5.0502.0017	2	
5	熔断器 100A/690VAC	5.0202.0039	2	
6	熔断器 125A/690VAC	5.0202.0002	2	补充
7	K2 继电器|REL-OR-24DC/3×21	5.0301.0036	5	
8	抗冰冻风向标	5.1102.0043	5	
9	抗冰冻风速仪	5.1101.0048	3	
10	直流开关电源	5.0601.0016	[	
11	金风 1.5NW 变流器 1 型 E 版 IGBT	5.2010.0125	1	
12	旋转编码器	5.1105.0006	1	1
13	1.5MW 机组 YENSYS 滑环	5.1507.0508	1	
14	整流桥	5.0902.0143	1	
15	115k7 继电器 R	5.0301.0041	1	补充
16	压力继电器|DG35-Y1	3.0600.0114	5	
17	电磁网	3.0600.0112	1	
18	熔断器 80A	5.0202.0041	3	
19	接近开关	5.1106.0009	1	
20	总线耦合器（贝福）BK3150	5.2102.0004	]	补充
21	SSI 编码器模块（BECKHOFF)KL5001	5.2105.0005	1	补充
22	一通道模拟量输出|KL4001	5.2106.0017	1	补充
23	过速模块 Overspeed 1.1	5.2206.0020	1	
24	高压 I/O 信号处理模块	5.2206.0032	1	
25	轴流风机 TZL-630A	4 个扇叶	5.1201.0193	1	
26	扎带 310×9	5.1402.0038	45 包	补充
27	扎带 610×9	5.1402.0090	30 包	补充

备注：
1、缠绕管技改、全年检修需要大量扎带，急需补充；
2、115k7 继电器、BK3150、KL5001、KL4001 项目无库存，需补充。

（物资员提出的备件补充计划）

（需要项目经理协调的物资备件）

图 3-26　物资需求计划

5) 项目技术标准

项目技术负责人制定故障处理、检修、巡检的标准,将优秀的做法固定下来,使不同的人来做都可以做到最好,发挥最大成效和效率。

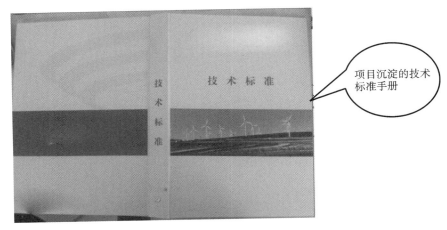

项目沉淀的技术标准手册

图 3-27　技术标准手册

6) 项目信息员

项目信息员根据项目开展的工作,做好信息的统计记录、数据的提炼,为项目开展做好支撑作用。

图 3-28　机组数据手册

7) 项目经理

效果验证,跟踪分析;调整培训方式、工作计划。

通过以上工作的开展,全员参与月初工作的制定和需求;提前做好计划工作储备;项目人员不会因为不懂安全注意事项而缩手缩脚;项目人员不会因为缺少物资、工具而无法开展工作;项目人员不会因为技能缺失而无法处理故障;项目人员不会因为没有标准要求在实施过程中五花八门无法确保机组质量;通过对安全、技术、物资、工具、标准、数据、质量的把控,能够确保本月工作的顺利开展。通过对数据的沉淀,分析发现改进空间,持续改进,调整方

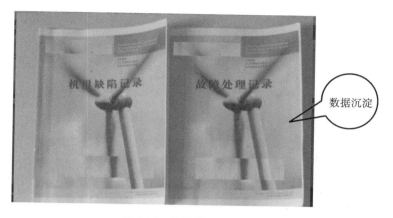

图 3-29 故障处理记录手册

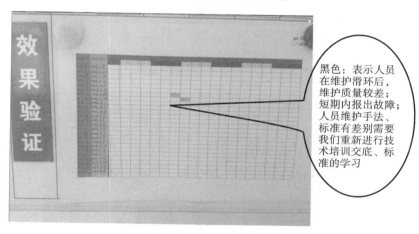

图 3-30 效果验证

向；注重过程管理，提高工作效率。

2. 日（周）工作计划总结及会议的开展

（1）根据项目每月固定开展的工作，将固定工作划分为每日工作、每周工作、每月工作和临时工作，制定项目工作时间节点表，立于办公桌上便于提醒项目成员开展相关工作。

（2）在背面放入机组编号汇总，包括一、二、三期划分及其所属线路，其中 87/1500 kW 机组与 93/1500 kW 机组用不同颜色区分，便于平时日常工作的开展。

对项目时间节点进行可视化管理，将对工作时间节点的认识融于日常生活中。提醒项目经理和员工按时完成相对应的工作计划，使所有项目成员站在项目经理的角度对项目所有开展的工作进行把控，从而保证相关工作按时进行，准确反馈信息无遗漏。

（3）建立项目日志，每日（周）针对当日（周）开展的工作进行总结并记录。开会发言顺序为：安全—技术—信息—物资—资料—个人工作。项目成员依次发言并由专人做好会议记录，分别从安全、技术、信息、物资、资料等几个方面对当日（周）工作进行梳理，列举当日（周）工作存在的问题，并分析问题，最终讨论解决问题。会议最终形成会议决策，并根据项目实际工作情况合理制订次日（周）工作计划。

图 3-31　项目工作时间节点表

图 3-32　项目机组编号汇总

通过对当日(周)工作的总结,及时发现项目存在的问题并予以解决,保证项目日常工作的顺利开展。项目全体成员都参与到计划的制定和实施,根据项目成员的相关能力进行合理的工作安排,使团队中的每个人都可以很好地适应自己的工作岗位和工作职责,发挥自己的优点,使工作更高效化,保障项目工作顺利开展。

3. 日工作的安排

1)故障快速响应,高效处理

(1)升压站内每晚安排项目成员及车辆值班,建立项目部内部讨论群,每天 6:00 准时在群内汇报机组运行状态、风速及风场内天气情况,以便项目经理针对实际情况随时调整工

图 3-33　项目日志

作计划,从而达到提高工作效率的目的。

（2）机组运行情况反馈完毕后,升压站值班人员通过查看机组夜晚运行数据确定是否报故障机组,及时对有故障隐患机组进行处理,降低故障频次。

表 3-12　机组运行状态数据表

（3）故障处理应明确分工,要求各项工作同步进行。

①由兼职技术负责人分析故障文件,进行故障点初步判断,要求十分钟内完成。

②由兼职技术负责人进行工作票办理。

③信息管理员同时进行 SM 工单录取。

④兼职物资管理员进行故障处理工具、物资及劳保用品准备。

⑤项目司机进行车辆检车,确保车辆无安全隐患。

⑥所有准备工作完成后,兼职安全员组织所有参与故障处理人员进行安全站班,分析故障处理过程中的危险源。

所有故障处理前准备工作要求半小时内完成,确保机组故障能够快速高效地处理,提高工作效率。

2)日工作的可视化安排

(1)对当日要开展的工作进行分配,将工作负责人姓名及开展的工作粘贴在相应机组号上,工作完成后将人员姓名及相应工作标示牌取下贴在侧面,现场人员动向一目了然。

图 3-34 日工作安排

(2)当日工作结束后,由项目信息员对检修、技改工作进度进行统计记录,填入工作进度记录中,将故障处理工作录入故障处理记录中。对项目数据库进行沉淀。

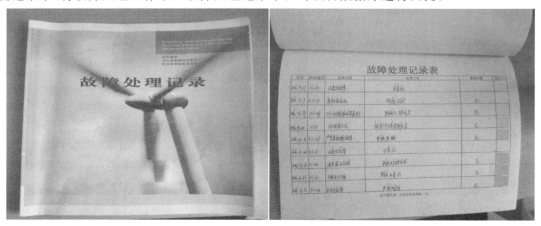

图 3-35 故障处理记录

（3）由项目信息员将检修、技改及故障处理过程中发现的缺陷录入机组缺陷记录中。

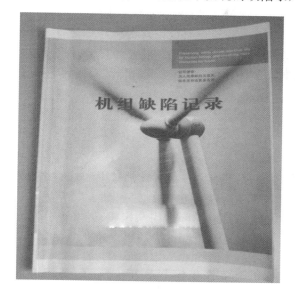

图 3-36 机组缺陷记录

通过日工作安排展板，对开展的工作及人员动向进行可视化管理，使人员对开展的工作清晰明了，人员所处的工作机组一目了然；缩短项目部准备过程的时间，提高工作效率。通过每日对工作进度的统计和机组缺陷的记录，逐步建立并完善项目数据库。

 第七节 运营管理

运营管理是指在企业内，为使生产、营业、劳动力、财务等各种业务，能按经营目的顺利地执行、有效地调整而进行的系列管理、运营活动。项目作为公司最小的组织，运营管理必不可少。

售后项目管理需做好以下两个方面：一是机组运行稳定性及风险管控能力；二是财务管理能力。

一、机组运行稳定性及风险管控

机组运行稳定性：巡检工作要认真落实，避免流于形式，巡检过程要携带常用耗品、工具，对发现的缺陷及时处理，对于不能立即处理且短时间内不影响机组运行的，要做好记录，由专人跟踪处理。

处理故障时，要通过故障现象深入分析故障原因，避免只解决表象问题，同时每次故障处理都要增加对机组的日常巡检和消缺，不断地发现和解决问题，持续优化机组运行环境，提升机组的稳定性。

年度检修要制订详细的检修计划,关键点的检修责任要落实到人,每台检修都要形成检修记录并存档,对存在的问题项目内部要认真讨论,并积极解决。

风险预防与管控:每半月对项目机组运行数据进行一次细致的排查,提前发现异常并进行隐患消除,对趋势性或共性问题要及时处理并逐级反馈,避免类似问题批量爆发。

对于不同季节、不同地域、不同机型要有针对性的预防性检查方案,方案制定前要进行头脑风暴充分接收各种建议,逐步优化形成可落实的检查方案。

二、财务管理

目前项目涉及的财务分为三个部分:运行维护费用(常称为项目费用)、物料消耗定额管理和固定资产管理,后两项费用均以系统中数据为准。

运行维护费用:项目经理每月对实际费用与定额、近 3 个月及同期数据进行对比分析,发现异常点,追根溯源,采取措施,避免同样的问题再次发生。

表 3-13　运行维护费用表

序号	费用分类	费 用 明 细	费 用 管 理
1	标准购置	办公桌椅、文件柜、档案盒、急救箱、灭火器、被褥床、打印机、电冰箱、消毒柜、厨具、热水器、洗衣机、空调、电暖器	按照《服务中心定额管理标准》执行,财务部审核完票据后于次月进行报销,报销周期为 20 日到次月的 20 日
2	日常费用	车辆租赁费、燃油费、过路停车费、房屋租赁费、厨师费、办公用品费、电话费、邮寄费、网络费、水电费、招待费、劳保费、计量器具检定费、药品费、团建费	
3	其他费用	外包服务费	需中心批准后执行

物料消耗定额管理:物料消耗是指项目非大部件物料消耗、非批量大部件消耗等所产生的费用。根据机型的不同各项目的物料消耗定额也不同,各项目按项目进度计划详细做出各项定额规划,每月核算定额余量,尽量将定额控制在标准中。

影响定额分配的 5 个因素:机型、变流、机组年龄、地理环境、事业部/国际(因部分消耗金额较大的备件根据月度和半年核算,使得机组消耗季节性影响较小,故不考虑季节因素对机组消耗的影响)。定额由大部件、定检定修、常规备件三部分组成。

固定资产管理:固定资产的新增、更换、报废、盘点均由部门领导同意后,在 OA 系统走线上流程。公司的固定资产信息由资产型号、资产编号、SN 码、使用人信息构成,所以在资产盘点时一定要核实各自名下固定资产的信息,确认无误后签字;对于有疑问的资产在与部门信息专责确认无误后登记。资产盘点一定要做到账实相符,对于盘盈、盘亏资产,信息一定要如实上报。公司审计如发现问题,将追究资产管理部门及个人的责任。

三、项目印章管理

印章是企业行使职权的合法象征物,具有法定性和权威性,是行使企业职权、处理日常公务和对外往来的唯一合法凭证。盖有企业印章的文件,是受法律保护的有效文件,同时意味着企业对文件的内容承担法律责任。印章是企业经营管理活动中行使职权的重要凭证和工具,印章的管理关系到企业正常的经营管理活动的开展,甚至影响到企业的生存和发展。

在与外界发生法律关系的过程中,印章起着在形式上代表企业意志的作用。无论日常的交往,还是法院对纠纷的审查判断中,依据盖章认定有关文件的效力进而确定有关权利义务的归属已经成为一个常识。企业印章代表着企业全部或某方面的意志,不正确使用可能会给企业带来巨大的损失。由此可见,企业印章保管牵涉到企业的命运,千万不可忽视。特别是规模较大的企业,其印章的管理更为重要。随着涉及的业务越来越广,科研项目及成果越来越多,用印的频率也越来越高,印章管理也要规范化。

客户服务中心印章新增、注销流程:使用人提交事业部签字版《印章申请表》《印章承诺书》或《印章注销申请表》至中心,由中心走相关流程、企管部承办。

印章使用范围具体可按照《集团印信管理制度》执行。

四、项目考勤管理

项目设兼职考勤员或由项目经理担任,每月 1 号或 2 号如实上报考勤信息给事业部考勤员。

第八节　5S 管理

5S 管理是一种具有五常原则的企业现场管理。通过整理、整顿、清扫、清洁和素养,可以实现人员、机器、材料、方法的高效管理。5S 管理的角色可以概括为:

整理(SEIRI)——将工作场所的任何物品区分为有必要和没有必要的,除了有必要的留下来,其他都消除掉。目的:腾出空间,空间活用,防止误用,塑造清爽的工作场所。

整顿(SEITON)——把留下来的必要用的物品依规定位置摆放,并放置整齐加以标识。目的:工作场所一目了然,消除寻找物品的时间,整整齐齐的工作环境,消除过多的积压物品。

清扫(SEISO)——将工作场所内看得见与看不见的地方清扫干净,保持工作场所干净、亮丽的环境。目的:稳定品质,减少工业伤害。

清洁(SEIKETSU)——将整理、整顿、清扫进行到底,并且制度化,经常保持环境处在美观的状态。目的:创造明朗现场,维持上面 3S 成果。

素养(SHITSUKE)——每位成员养成良好的习惯,并遵守规则做事,培养积极主动的精神(也称习惯性)。目的:培养有好习惯、遵守规则的员工,营造团队精神。

我们要塑造项目现场良好的工作环境、减少浪费,提高工作效率和质量。

5S 的管理范围包括现场工作区域、办公区域、生活区域、车辆等,具体要求参见《客户服务中心项目现场 5S 管理制度》。

各区域示范如下。

1. 宿舍

图 3-37　宿舍整体情况　　　　　　图 3-38　床铺整体情况

2. 食堂、餐厅

图 3-39　食堂灶具　　　　　　图 3-40　厨房保鲜柜

图 3-41　餐厅桌椅餐具消毒柜

3. 办公区域

图 3-42　安全帽柜办公用品柜

图 3-43　办公室整体情况控制室

图 3-44　会议室

4. 生产区域

图 3-45　设备区端子箱

图 3-46　35 kV 配电室　　　　　　　图 3-47　配电室安全提醒

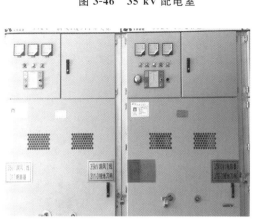

图 3-48　设备专责卡贴在设备上　　　图 3-49　继保室屏柜装置操作提示

图 3-50 电压配电室巡视标准

5. 库房

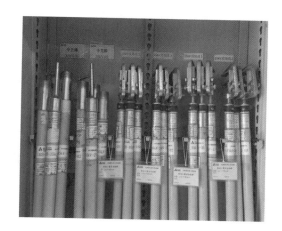

图 3-51 库房

图 3-52 安全工器具去向牌

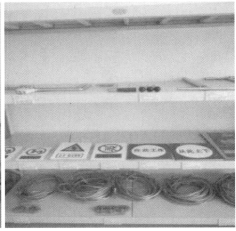

图 3-53　安全帽柜警示标识货架

图 3-54　油品分区分类存放

图 3-55　废旧(油)桶存放区

图 3-56　液压油存放区

图 3-57　职业危害告知卡

图 3-58　润滑油脂危化品存放

图 3-59　风机备件区

图 3-60　变电备件区

图 3-61　备件区、工具区

图 3-62　坏件区

6. 风电场场容场貌

图 3-63　厂区

图 3-64　进入我的风场

图 3-65　一楼走廊

图 3-66　二楼楼梯

图 3-67 二楼走廊　　　　　　　　　图 3-68 我的风场、我的家

7. 资料室

图 3-69 日常生产记录体系文件

图 3-70 资料室文件柜机组技术资料

图 3-71　消防水泵室控制箱消防水泵

图 3-72　生活水泵控制箱及生活水泵编号

8. 5S 活动开展情况

图 3-73　项目 5S 实施方案启动会议

图 3-74　5S 推行计划及实施方案讲解

图 3-75　5S 检查中(会议室)

图 3-76　5S 检查中(办公室)

图 3-77　5S 检查中(继保室)

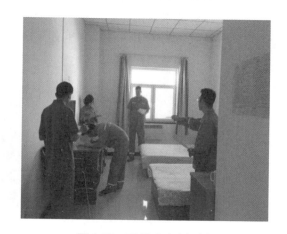

图 3-78　5S 检查中(宿舍)

图 3-79　5S 检查中(餐厅)

图 3-80　5S 实施后的总结会议

第九节 物资管理

一、服务备件、定检物资

现场申请的服务备件、定检定修物资要登录服务请求,且系统以服务请求的方式领用出库。

现场申请最终交接备件时,需要提供由业主方和公司的签字盖章的最终交接补充协议,协议中需要包含服务中心领导签字确认的《最终交接需求清单》,交接协议的备件在系统上以杂项出库的方式领用。

项目物资员将需求备件提到就近库房,库管员按照需求安排发货,库房内缺少的物资由库管员内部协调解决,不得以物资不足拒绝请求或不给予答复,不得要求项目人员从其他地方协调物资。

1. 处理故障过程中发现部件损坏

(1)项目人员在处理故障前在 SM 上创建故障工单(创建故障工单时注意机位号,故障发生时间、故障类型和名称一定要准确),然后去处理故障,发现部件损坏要及时拍照,确定损坏部件名称、型号,并第一时间通知兼职物资员(若条件允许,以 Excel 表格形式反馈,条件不允许,以短信、QQ、微信等文字形式反馈)。

(2)拍照时一定要拍清楚部件上的铭牌,以便备件申请时确认备件型号以及做质量反馈单时使用。

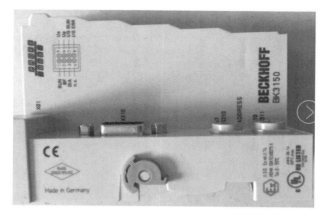

图 3-81 备件拍照

2. 物资员及时查找业主备件库房

当处理故障人员反馈需要备件时,由物资员查看业主合同备件表查找有无所需要的备件,要求查找备件时间在十分钟之内。

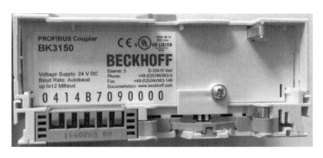

图 3-82　备件铭牌拍照

故障工单

工单编号:	FA201605202803	类别:	故障处理
状态:	工作进行中	来源:	Mannually Logging
		故障类型:	电气
片区:	新疆服务事业部	故障名称:	左偏航反馈丢失
项目编号:	GOLDWIND-1500-2014003	故障代码:	26
项目名称:	新疆苇湖梁电厂达坂城300MW华电风电场		
机组生命周期档案:	1500-2014003-A44	机组是否停机:	是
运行机位号:	A44	是否有外包人员:	
机组型号:	70/1500	责任部门:	新疆苇湖梁电厂达坂城项目部
机组容量:	1500	责任人:	29449
变流系统:	金风1.5MW变流器I型E版	责任人姓名:	潘峰
变桨系统:	金风1.5MW变桨驱动器I型	故障创建人:	29449
是否更新程序版本号		故障单创建时间:	2016/05/20 20:08:04
标题:	A44报左偏航反馈丢失故障		
描述:			

◇ 安全提示 ◇ 建议的解决方案 ◇ 工时记录 ◇ 任务 ◇ 遗留问题 ◇ 工具信息 ◇ 车辆信息 ◇ 相关记录 - (0) ◇ 活动 ◇ 附件 - (0)

全选(选择)

图 3-83　故障工单

3. 同步做好下一步备件申请

当查看完业主合同备件表后,同步做好下一步备件申请:

(1) 若业主库房有备件,根据业主需要填写备件领用单以及出库登记,借出备件,及时更换(无三标文件记录,备件领用清单交业主保存)。

(2) 处理故障人员及时反馈给物资员故障发生时间、机位号、故障处理过程、备件损坏原因等信息。

(3) 物资员根据故障处理人员反馈信息认真填写质量反馈单,注意,一定要写清楚故障处理过程以及备件损坏原因,并且详细记录柜体编号以及机组上电时间。

(4) 在系统的故障工单中创建服务请求,在备注中写清楚备件损坏原因,在附件中单击右键上传质量反馈单后分配给事业部物资专责,成功后保存服务请求。

(5) 服务请求创建完成后立刻创建备件更换工单,在输入物料编码时不可复制,只能手动输入,确保输入准确,在备件来源处填写业主库房借用,必须输入准确的备件批次号。

❖ ★合同备件

序号	物料	设备/部件型号	装箱单数量	实际到货数量	单位	备注
	变流 I 型					
1	5.1406.0012	辅助触点(ABB)|CA5-22E 2NO+2NC	18	18	台	
2	5.0106.0041	接触器|A9-30-10 230VAC	12	12	台	
3	5.0302.0005	继电器(ABB)|CM-MSS(1) DC24V	12	12	台	
4	5.0302.0006	继电器(ABB)|RB122AV DC24V 2NO+2NC	18	18	台	
5	5.0302.0009	继电器(ABB)|RB121A DC24V 1NO+1NC	18	18	台	
6	5.0202.0041	熔断器|80NHG00B-690 80A/690VAC gG/gL 120KA	40	40	台	
7	5.0202.0017	熔断器|C14G6 6A/690VAC 80kA	36	36	台	
8	5.0202.0007	熔断器|63NHG00B-690 63A/690VAC gL/gG 120kA	36	36	台	
9	5.0202.0015	熔断器|25NZ02 D02-25A gL/gG 400VAC	54	54	块	

图 3-84　业主合同备件表

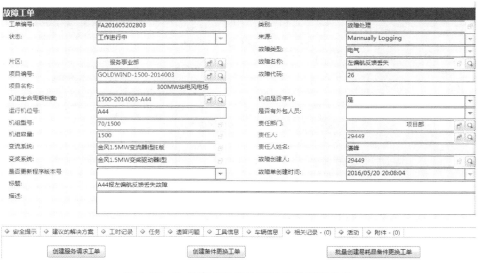

图 3-85　服务请求及备件更换工单创建位置

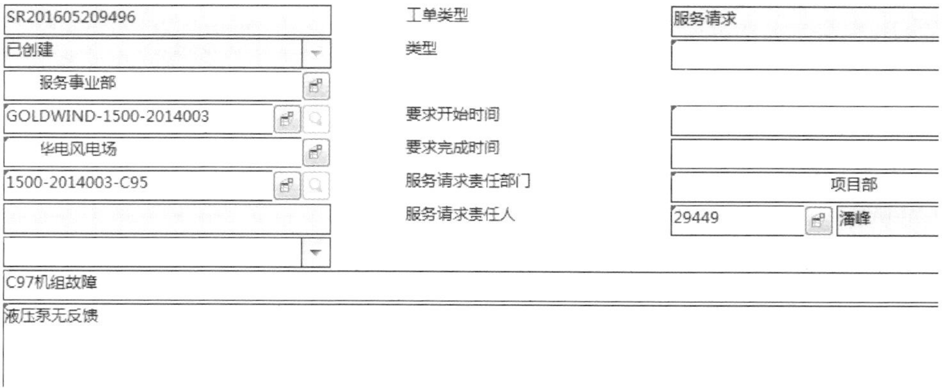

图 3-86　服务请求

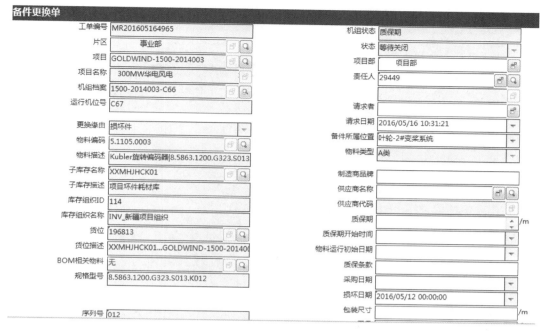

图 3-87　备件更换工单

（6）若业主库房没有所需要的备件，则在备件管理系统创建备件更换工单，然后登录 Oracle 物资申请系统，选择项目物流库存用户、物资申请、发货通知，填写发货通知，务必在备注中填写准确的送货地址、联系人电话以及对发货物流有无特殊要求，如紧急物资和非紧急物资的标注，保存后确认无误提交以及批准，在发货通知填写时填写完物料代码后一定要填写服务请求号，紧急物资需要电话、即时通告对应的库房发货管理人员。

4. 备件到货后及时处理

（1）在收到备件后及时查看备件有无在运输过程中损坏，对应的批次序号是否与单据的一致，若损坏应及时联系发货人更换，若无损坏当天需要登录 Oracle，选择项目物流库存用户、物流单据查询、装箱单查询，填入装箱单号，签收装箱单（注意接收货物、项目是否正确），并将纸质版装箱单签字拍照后发送到装箱单上要求的邮箱中。

（2）若备件是借用业主库房的，及时将备件归还，并在出库登记上要求业主填写归还记录。

（3）若机组还在等待备件，及时将备件交给故障处理人进行处理，将机组恢复正常。

（4）待备件更换完成后当天登录 SM，打开之前创建的备件更换工单，填写新到备件批次号等信息后保存，单击等待关闭，24 小时后即可关闭，坏件进入项目旧件库。

（5）更换完备件后故障处理人将旧件交给物资员，物资员贴旧件标签后放在旧件货架上等待返回一级旧件库。旧件标签一定要写清楚项目代码、物料代码、机组编号、服务请求编号或者故障工单编号、更换人、更换时间、返回地、接收人、判定等信息。

（6）在 Excel 表中记录每一次更换备件的服务请求号、发货通知号、更换时间、机位号等信息，以便以后查阅。

风电场运维管理手册

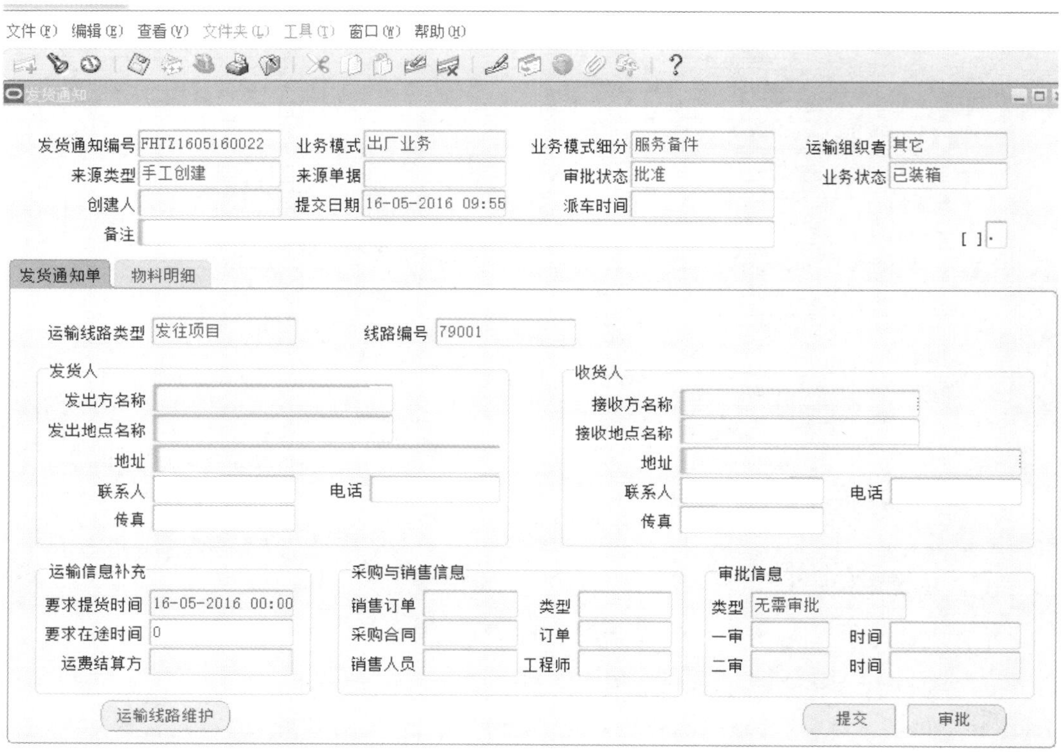

文件(F) 编辑(E) 查看(V) 文件夹(L) 工具(T) 窗口(W) 帮助(H)

发货通知

发货通知编号 FHTZ1605160022	业务模式 出厂业务	业务模式细分 服务备件	运输组织者 其它

来源类型 手工创建　来源单据　　审批状态 批准　业务状态 已装箱

创建人　提交日期 16-05-2016 09:55　派车时间

备注　[ ].

发货通知单 | 物料明细

运输线路类型 发往项目　线路编号 79001

发货人
发出方名称
发出地点名称
地址
联系人　电话
传真

收货人
接收方名称
接收地点名称
地址
联系人　电话
传真

运输信息补充
要求提货时间 16-05-2016 00:00
要求在途时间 0
运费结算方

采购与销售信息
销售订单　类型
采购合同　订单
销售人员　工程师

审批信息
类型 无需审批
一审　时间
二审　时间

运输线路维护　　提交　审批

图 3-88　备件申请发货通知

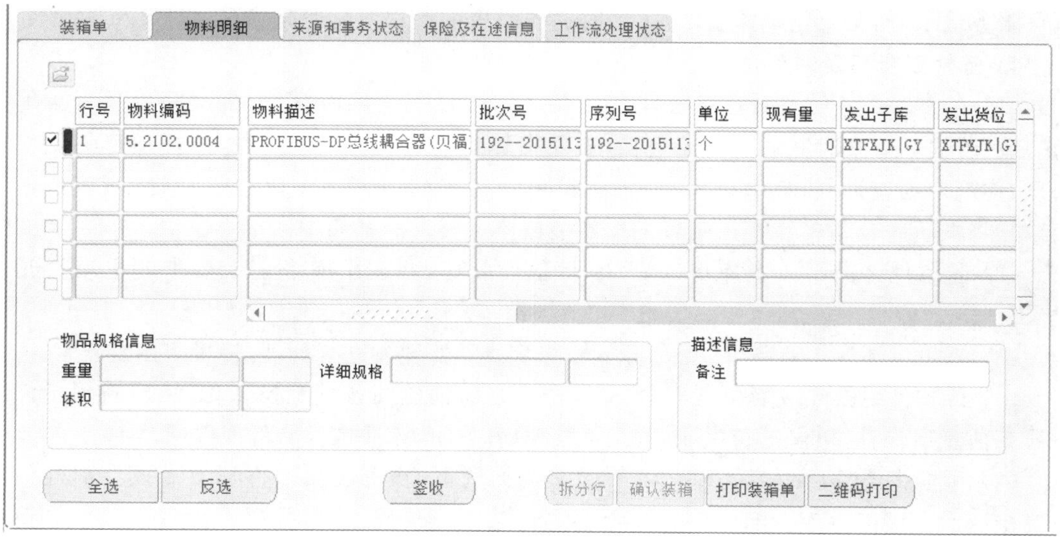

装箱单 | **物料明细** | 来源和事务状态 | 保险及在途信息 | 工作流处理状态

行号	物料编码	物料描述	批次号	序列号	单位	现有量	发出子库	发出货位
1	5.2102.0004	PROFIBUS-DP总线耦合器(贝福	192--2015113	192--2015113	个	0	XTFXJK|GY	XTFXJK|GY

物品规格信息
重量　详细规格
体积

描述信息
备注

全选　反选　签收　拆分行　确认装箱　打印装箱单　二维码打印

图 3-89　装箱单签收

5. 项目旧件返回

（1）每月 5 日前登录 Oracle,选择项目物流库存用户、单据修改、发货通知,填写发货通知,填写物料的时候可以单击选择发货行,进入项目坏件库选择需要返回的旧件,保存后单击创建装箱单,记录装箱单号。

（2）登录 Oracle,选择项目物流库存用户、物流单据查询,输入做发货通知时创建的装箱单号,查找装箱单,进入装箱单后填写要返备件的批次号、发出库及接收库,以及服务请求号,保存后单击确认装箱,完成后单击打印装箱单,将装箱单打印。

图 3-90　旧件返回装箱单

（3）整理旧件,将旧件货架上的旧件装箱,并将装箱单装入旧件箱中,封箱后联系库房人员等待物流人员取货(旧件标签需填写完整,粘贴整齐,装箱时应注意小心轻放,包好装实,防止运输过程中发生意外损坏)。

通过建立备件申请流程机制,提高备件申请效率,进一步提升故障处理速度,同时能够通过此机制,协助公司进行质量判责,清楚地划分质量责任,做到事实清楚,责任明确,为公司有效降低质量损失。

附件1 项目备件申请流程图

XXX 风电场项目备件申请流程图

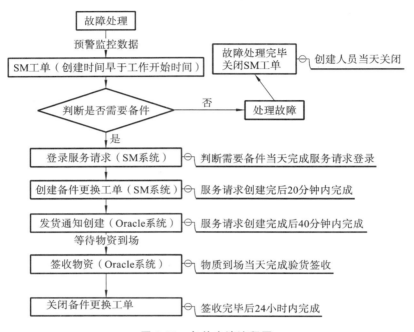

图 3-91 备件申请流程图

二、技改物资

根据《技术变更任务书》《技术变更物资申请明细表》登录技术变更类服务请求，并在问题代码一栏选择相对应的技术变更科目。

根据《技术变更任务书》《技术变更物资申请明细表》在 Oracle 系统中制作发货通知，申请技术变更物资。

对于《技术变更任务书》中没有的项目，或申请数量与《技术变更任务书》中不相符的，不能申请技术变更物资。

收到物资后，在 Oracle 系统中签收装箱单。

技术变更换下的旧物资按照《技术变更任务书》中的规定进行处理。

物资管理包括项目工具管理、备件管理。

1. 项目工具管理

项目工具实施 Oracle 系统在账管理，统一制作工具入库、出库登记表记录工具使用状态。现场将工具分为计量器具、非计量器具和安全用具，使用货架分区，在货架台面制作小标签将各个器具对号摆放，保证每一件工具都有固定的位置，同时方便对于新员工工器具辨识的培训。

1）计量器具

制作计量器具台账并将计量器具集中按标识摆放，工具的出库、入库及时登记，出库由物资员在场将需要使用的工器具名称、数量、时间及负责人登记于工器具出库单上，信息完整无误方可出库；使用后入库时由物资员在场依照名称检查工具的数量以及工具是否损坏，确保入库工具完好，否则将损坏而无法使用的工器具及时做报废处理并申请新的工具，同时在工器具入库单上填写工具名称、数量、时间及负责人签字，信息完整无误方可入库。

每月 20 日对项目库房计量器具进行盘点，核对计量器具种类、数量、有效日期，盘点表提交到片区物资专责处存档。对于计量器具有效使用期限按轻重缓急配以颜色区分，快到有效期的器具及时安排送检。

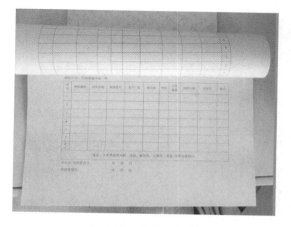

图 3-92　出库登记表

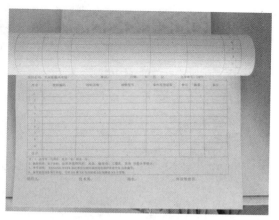

图 3-93　入库登记表

项目计量器具台账

在建阶段	项目名称：湘南祁东宫家嘴、邵东真乡中电建风电项目											
序号	物料代码	货物名称	规格型号	设备用途	配置要求	配置部门	项目具体配置情况	计量器具编号	计量器具证书编号	本次检定时间	下次检定时间	状态（在用、停用、报废等）
1	8.0200.0123	340N.m 扭力扳手	(68～340)N.m	力矩检验	必备	项目	1	614020655	LNN201601036	2016/2/24	2017/2/23	在用
2	8.0200.0124	100N.m 扭力扳手	(20～100)N.m	力矩检验	必备	项目	1	614021183	LNN201601694	2016/3/30	2017/3/29	在用
3	8.1200.0052	扭矩倍增器	YA393	力矩检验	必备	项目	1	414021294	LNN201601035	2016/2/24	2017/2/23	在用
4	8.1100.0147	数字万用表	F15B	检测	必备	项目	1	01711012	LNN201505079	2015/8/6	2016/9/5	在用
			F15B				1	23155191	JD3s2015-06-5070	2015/8/4	2016/6/3	在用
			F17B				1	23153465	WYE20150909001	2015/9/6	2016/9/5	在用
			F17B				1	27163032WS	JD3s2015-07-5246	2015/7/15	2016/7/14	在用
							1	27163208WS	JD3s2015-07-5249	2015/7/15	2016/7/14	在用
5	8.1100.0339	绝缘电阻测试仪	FLUKE-1508	绝缘电阻测试	必备	项目	1	27350186	DYYq201506001	2015/11/7	2016/11/6	在用
6	8.1100.0200	落雷度测试仪	ETM-400	落雷度检测	必备	项目	1	NO.TR13674144	LNN201601036	2016/2/24	2017/2/23	在用
7	8.1100.0010	钢卷尺	5m-91314	长度测量	必备	项目	1	26#	GQ20151123001	2015/11/23	2016/11/22	在用
8	8.1100.0185	红外测温枪	RAYMTGU	温度测量	必备	项目	1	18172248	HC20150909001	2015/9/8	2016/9/8	在用
9	8.1100.0144	数字钳形表	F317	电流余量检测	必备	项目	1	26290测试VS	QD20150909001	2015/9/9	2016/9/8	在用
10	3.0100.0029	压力表	(0～250) bar	偏航余压检测	必备	项目	1	201403151	KYB201601242	2016/2/23	2017/2/22	在用
							1	201403213	KYB201601241	2016/2/23	2017/2/22	在用
11	8.1100.0159	粗序指示仪	FLUKE-9040	粗序检测	必备	项目	1	SS19720270	DBB201600663	2016/2/23	2017/2/22	在用
							1	SS36590092	DBB201600664	2016/2/23	2017/2/22	在用
12	8.1600.0030	塞尺	9402	间隙测量	必备	项目	1	20#	SC201601200012	2016/1/20	2016/7/19	在用
13	8.1100.0422	冰点测试仪	W2403	水冷液冰点测试	必备	片区调配	片区/部门	1	20140210	KYyy2015-0409	2015/6/10	2016/6/9	在用

图 3-94　计量器具台账

2）非计量器具

非计量器具集中按标识摆放，工具的出库、入库及时登记，出库由物资员在场将需要使用的工器具名称、数量、时间及负责人登记于工器具出库单上，信息完整无误方可出库；使用后入库时由物资员在场依照名称检查工具的数量以及工具是否损坏，确保入库工具完好，否则将损坏而无法使用的非计量器具及时做报废处理并申请新的工具,同时在工器具入库单上填写工具名称、数量、时间及负责人签字,信息完整无误方可入库。

　　每月 20 日项目物资员根据系统中导出项目工具库的即时库存进行盘点,核对非计量器具种类、数量以及是否损坏,如有损坏而无法使用做报废处理,并及时申请新的工具。

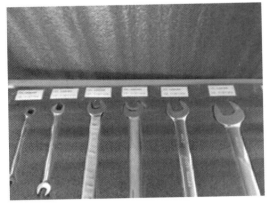
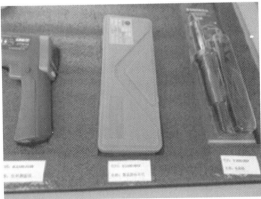

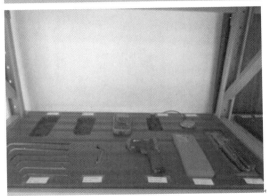

图 3-95　工具借用记录

　　3）安全用具

　　制作安全用具台账,项目人员各自的安全用具通过制作标签来区分,并放置在货架特定区域,应经常清洁、检查和维护,保证安全用具处在可以使用的状态。

　　物资员每天检查安全用具是否按照图示标准摆放,如果摆放杂乱,查看安全用具上的个人信息标签并通知该人员按照图示整改,惩罚该人员打扫库房两天,由物资员检查合格为准。

　　项目安全员每周检查安全帽上是否有裂纹、碰伤痕迹、凹凸不平、磨损(包括对帽衬的检查),安全帽上如存在影响其性能的明显缺陷就应及时报废,以免影响防护作用;检查安全衣是否有断裂、开线,如存在影响其性能的明显缺陷就应及时报废,安全衣腰部护板如果磨损严重应及时申请更换。

项目劳保用品台账 TY07-05-01

项目名称：　　　　　　一期项目

表一：项目劳保用品台账（项目公共用品）

序号	劳保用品名称	编号	使用周期	购买日期	报废时间	损坏记录	备注
1	绝缘手套						
2	担架						
3							

表二：项目成员劳保用品台账（个人劳动防护用品PPE）

序号	领用人姓名	劳保用品名称	使用周期	领用时间	编号	发放人	发放时间	报废时间	损坏记录	备注
1		工作服（单）	春秋装6个月	2015年4月						
2		工作服（单）	夏装3个月				2015年4月	2015年10月		
3		工作服（棉）	3个月	2015年10月			2015年4月	2015年7月		
4		劳保鞋（单）	1年	2015年4月			2015年10月	2016年3月		
5		工作鞋（棉）	1年	2015年10月			2015年4月	2016年4月		
6		安全帽（单）	30个月	2013年10月			2015年10月	2016年4月		
7		安全帽（棉）	6个月	2015年10月			2013年10月	2016年4月		生产日期起算
8	尹凯	安全带	5年	2014年12月			2015年10月	2016年4月		
9		安全绳	5年	2014年12月	1014808		2014年12月	2019年12月		
10		骨轨式安全锁扣	5年	2014年12月	130802		2014年12月	2019年12月		
11		钢丝绳安全锁扣	5年		30R060600		2014年12月	2019年12月		
12		耳塞	损坏即换							
13		护目镜	损坏即换							
14		安全带护具	损坏申请							
15		劳保包	5年	2014年12月			2014年12月	2019年12月		
说明：	PPE（个人劳动防护用品）编号必须填写且与基础信息平台个人档案信息内编号一致。									
1		工作服（单）	春秋装6个月	2015年4月			2015年4月	2015年10月		

图3-96　项目劳保用品台账

图3-97　安全用具

2. 备件管理

1）三级库管理

（1）三级库物资根据备件特性区分备件与大部件进行存放。
张贴分区标识并制作备件信息及使用记录卡片。

三级库备件的出入库由物资员在场登记于对应的备件信息卡上，出入库信息包括物料出入的时间、数量、出入库后库内现有量以及负责人签字，信息完整无误方可出入库。

新增备件种类时应及时制作新的相应的信息记录卡,同时完整填写信息卡内所列项(物料名称、物料编码、规格型号、计量单位、入库日期、入库数量、入库后现有量以及负责人签字)。

对所有入库的电气备件用自封袋密封包装,做好防潮措施,备品备件摆放整齐,各区功能明确,库房整洁无杂物。

图 3-98　备件密封 1

图 3-99　备件密封 2

(2)每月 22 日对三级库进行盘点,根据系统中导出的清单进行盘点,盘点核实系统在账物资与现场实际库存物资的种类、数量是否相符,对于不符项如实记录在盘点表里的偏差列及盘点报告里的差异物资表内。盘点表、盘点报告由盘点人及监盘人签字确认后以电子版和签字版扫描件形式提交到事业部物资专责处存档。

(3)三级库周转率、满足率:根据项目风机状态、历史物料消耗情况以及业主备件库需求更新三级库结构与库存,缩减富余备件,补充不足物料。在保证日常运维需求的前提下,充分利用业主合同备件,缩减三级库,减少资源浪费。如某项目,近一年的数据显示现场对 IGBT 需求有所降低,所以原三级库配备的 4 个机侧 IGBT 和 4 个网侧 IGBT 各返 2 个到二级库;检修过程中发现一定数量机组的 AC2 散热风扇、变桨电机散热风扇存在散热性能欠佳,同时气温渐升,IGBT 支撑电容热缩无法避免,遂陆续为三级库申请 AC2 散热风扇、变桨电机散热风扇、AC2、IGBT 支撑电容库存。

2)危险化学品

危险化学品存放在危险化学品柜内,柜内张贴标签按标识摆放,柜门悬挂 MSDS,化学品柜接地处理,柜门张贴危险化学品清单及使用记录。危险化学品的出入库由物资员在场登记于使用记录表对应项,记录出库使用的化学品名称、数量及负责人签字,使用结束仍能继续使用的化学品按照标签归位并由物资员在场登记于使用记录表对应项,记录入库的化学品名称、数量、库存现有量及负责人签字。如果增加新的危险化学品种类,在入库前制作摆放标签(名称及物料编码),在化学品清单上更新名称、物料编码、数量。

3)旧件坏件

旧件坏件集中暂存在货架旧件区,登录系统做返库单,每月按时将坏件返回二级库。

4)项目固定资产

依据相关要求,对项目固定资产记录清晰,明确资产数量、品牌及启用日期,同时对个人电子设备也做好统计,实时更新人员及资产动态,做到不遗漏、不丢失。

项目成员在日常生活中,对热水器、洗衣机等项目固定资产使用完毕后要及时关闭电源,定期清理热水器内胆、洗衣机过滤盒等,延长固定资产使用寿命。

三、项目沟通管理

售后服务阶段,项目需增强与其他部门的沟通与协作,以获得更多资源与协助。项目沟通部门及内容可参考如下。

表 3-14 项目沟通管理表

序号	需沟通部门	沟通内容	沟通形式	沟通频次
1	营销中心(销售中心)	合同执行问题风险管控	电话、即时通、邮件、会议等	根据需要
2	事业部	(1)项目机组运行指标、物料消耗、运营分析等; (2)项目日常管理等相关标准	电话、即时通、邮件、会议等	事业部每周组织周例会、技术例会,其余根据需要

续表

序号	需沟通部门	沟通内容	沟通形式	沟通频次
3	售后管理部	(1) 机组年度检修计划申请及需求； (2) 机组技改需求、进度管控、效果验证； (3) 机组运行数据、月度报告分析； (4) 最终交接问题梳理、资源协调； (5) 质保外业务沟通，资源协调与配置	电话、即时通、邮件、会议等	根据需要
4	运营管理部	(1) 公章、VI 标识、备用金申请，项目费用报销； (2) 项目体系标准化建设； (3) SM 系统使用	电话、即时通、邮件、会议等	根据需要
5	服务保障部	(1) 备件、工具、劳保等申请发货事宜； (2) 检修物资发货、申请等事宜	电话、即时通、邮件、会议等	根据需要
7	总工办	(1) 技术资料申请； (2) 程序申请	电话、即时通、邮件、会议等	根据需要
8	监控支持部	(1) 7×24 小时在线支持，质量问量快速咨询处理； (2) 服务请求问题追踪； (3) 项目重大事件快速协调处理； (4) 大部件更换协调处理	电话、即时通、邮件、会议等	根据需要
9	质量安全部	(1) 检修、技改质量验收，项目巡检； (2) 项目质量、安全执行标准及制度文件等； (3) 项目质量、安全等问题沟通	电话、即时通、邮件、会议等	根据需要
10	风机技术支持部	(1) 现场机组技术问题处理，技术支持性资源获得； (2) 新机型、新技术等问题咨询	电话、即时通、邮件、会议等	根据需要
11	业主	(1) 项目进度汇报及偏差分析； (2) 项目进度计划及与业主计划的匹配度，制订共同计划； (3) 调查沟通客户需求，制定问题解决方案； (4) 我方需要客户支持的资源及我方安全质量进度保障措施	电话、邮件、会议等	业主每月组织月度例会，其余根据需要

项目建立客户沟通记录档案夹,每月与客户进行沟通,了解客户需求,并开展相关工作,其需求解决后进行回访工作,客户问题追踪反馈,并将以上工作的相关记录存档。客户沟通记录档案如下所示。

表 3-15　客户沟通记录表

沟通人员		日期	
沟通主题			
沟通签字:			

四、应急、异常管理

项目出现紧急、异常情况时要做到对项目状况快速处理,项目应急、异常管理按《风电场问题处理快速响应规程》(Q/GW 3ZD-FW01—2014)中的规定进行处理。

表 3-16　应急、异常管理表

应急异常分类	具体情况	处理方式
物资供应类问题	项目更换备件; 备件程序更新; 合同内缺少供货的备件(部件)	按照事件分级标准进行分级,电话上报至事业部; 登录服务请求
技改类问题	技改方案不符合现场情况; 技改物资供货问题,分批发货或发货物资不满足本次技改要求; 业主不同意技改方案或出于保电考虑影响技改执行进度; 机组未吊装或未上电不能进行技改	参见《项目现场技术变更工作管理办法》(Q/GW 3ZD-FW03—2014)的规定
合同类问题	对于不可抗力造成的机组停机及造成机组设备损坏; 业主提出储备备件、大部件等事宜	按照事件分级标准进行分级,电话上报至事业部; 登录服务请求

续表

应急异常分类	具体情况	处理方式
环境安全类问题	异常天气或气候情况发生时；人为因素引起或影响机组运行时	（1）当外部环境出现异常，人员安全放在首要位置，在保障人员安全的前提下，要对设备及周围环境进行保护，以降低公司、客户的损失。（2）问题处理完成后，要立即向客户、公司进行反馈
机组质量类问题	风机火灾、飞车、大部件脱落、雷击、机组倒塌、基础沉降、塔筒倾斜等事件，导致或极有可能导致机组损毁或发生重伤、死亡等人身伤害的事故	当机组出现以上重大质量事故时，需严格按照《风电场问题处理快速响应规程》进行反馈和处理
其他问题	类似叶片、风速仪、风向标抗结冰问题；批量更换大部件类事宜；发电机损坏最终质量分析报告；风电场内征地、修路、阻工等问题；对客户关系造成影响的问题	按照事件分级标准进行分级，电话上报至事业部；登录服务请求

五、工作交接管理

项目员工异动或离职时，项目经理须指定人员与之进行工作交接，杜绝由于人员调动导致工作职责不清晰、责任不明确、相关问题得不到处理等情况的发生，尤其是对项目兼职安全员、兼职物资员这两个岗位，须明确详细的交接情况。项目员工交接时，项目经理必须参与整个交接工作，对交接的工作进行签字确认。

表 3-17　工作交接管理表

岗位名称	交接内容（但不限于）
兼职安全员	安全站班、安全例会、安全检查、相关方人员安全管理、车辆安全管理、安全目标管理、法律法规获取方式、应急预案及演练管理、化学品管理、劳保用品管理、急救箱管理、安全工器具管理、消防管理、安全培训管理、项目人员持证管理、新员工三级安全教育管理、危险源和环境因素的辨识、安全相关工作联系渠道等
兼职物资员	固定资产、工器具管理，库房管理，如库房的分区存放、标识管理、过期物资管理、物资台账管理、出入库记录等，EBS 操作，计量器具管理，如计量器具的配备、检定、标识、报废、借用等
项目经理异动或离职	档案管理、资产管理、财务管理、遗留问题管理、系统权限管理等，具体见《岗位异动交接管理制度》

对项目现场人员调休时的工作交接可参考如下内容：

1. 项目经理交接

（1）编制项目工作任务计划；

（2）制定项目成员职能划分；

（3）负责现场问题协调沟通处理；

（4）负责项目的日常工作安排，计量器具、备品备件管理，安全管理，项目机组维护质量管理，项目后勤、人员考勤管理；

（5）负责项目实施过程中的日常事务、物资备件、工器具管理；

（6）负责项目各项业务联系，推进与业主良好关系，搭建业主与公司之间沟通的桥梁。

表 3-18　项目经理交接单

申请人		移交人	
调休区间			
交接工作内容	1. 机组进行日常维护，故障处理工作； 2. 按时参加周例会，并提交周例会会议纪要； 3. 提醒项目成员按时参加技术周例会，保存会议纪要和录音； 4. 日常伙食费的管理； 5. 督促在建项目的微信日报和大系统日报； 6. 联系助爬器厂家卸货到升压站，联系电话：xxxxxxx； 7. 提交项目考勤； 8. 每周参加四方会议，提交客户沟通会议纪要； 9. 按照《项目安全标准化报表和时间表》及时提交安全报表； 10. 调试完成以后，进行工器具的清点； 11. 物资到货及时签收； 12. 每日记录验收消缺单		
接收人签字		日期	

2. 安全员交接

表 3-19　安全员交接单

申请人		移交人	
调休区间			

	项目日常安全工作报表提交日程如下:				
	序号	资料名称	提交时间	说明	备注
交接工作内容	1	月度工作计划	每月 1 号提交	事业部评审,许可以后张贴在项目部,按照计划开展工作	
	2	项目(双)周检查表	每月 5 号提交	按照相应的附件执行	
	3	第一次项目5S反馈	每月 9 号提交	按照对应模板反馈	
	4	第一次月度安全专题会议纪要	每月 15 号提交	总结上半月的项目安全工作,计划下半月的安全工作,并且与月度计划对标和纠偏	
	5	项目安全生产月报	每月 23 号提交	按照相应的附件执行	
	6	第二次项目5S反馈	每月 25 号提交	按照对应模板反馈	
	7	项目级安全培训和专题会议	每月 28 日提交	每月至少一次,培训按照年度计划执行。会议和培训同时进行,要求有录音,注重质量,全员参与	可根据项目具体时间28号前完成
	8	第二次月度安全专题会议纪要	每月 29 日提交	总结当月项目安全工作,计划次月上半月的安全工作,并且与月度计划对标和纠偏	
	9	安全活动	待定	根据公司、事业部当月的具体情况定	提前会提醒
	19	其他	待定	公司临时要求的培训、演练	提前会提醒

注意事项:

(1)安全周报包含车况检查表(双周)、工作环境安全隐患检查记录表、项目环境和安全(周)检查表;

(2)安全月报包含消防器材的点检表、项目成员电工证及登高证电子版台账、项目成员特种作业证反馈单、项目工作环境安全隐患检查记录表、车辆月检查表、项目急救药箱检查情况;

(3)药箱截至目前齐全,保质期合格,无需购买,灭火器合格正常,如有人使用需要登记,药箱有登记表;

(4)如有新员工、第三方人员进入现场,需要进行安全培训、安全告知、特种作业登记、外来人员登记后方可入场工作

交接文件	

续表

其他	（务必按时提交,负责将此计入项目考核,以及月底个人绩效考核)每天及时查看邮件,关注公司下发的安全文件,及时反馈。有任何问题随时电话沟通或者直接联系片区安全员		
接收人签字		日期	
部门负责人签字		日期	

3. 物资员交接

表 3-20　物资员交接单

申请人		移交人	
调休区间			
交接工作内容	1. 物资申请和旧件返回; 2. 调试完成以后,完成工器具的清点,对调配的工器具进行划分; 3. 物资到货及时签收,每日记录验收消缺单; 4. 每月月底提交三级库点检清单、工器具盘点清单、计量器具盘点清单,三级库出入库做好登记,EBS 操作 0 失误; 5. 项目固定资产; 6. 工器具盘点表。 注意事项: 1. SM 系统操作严格按照操作手册进行,由于操作造成的质量事故一切自负; 2. 三级库做好出入库,正确摆放备品备件,定期检查灭火器; 3. 危化品柜存放有危化品,每周检查一次,看是否有异常,库房做好防火防盗,钥匙专人负责		
交接文件			
其他			
接收人签字		日期	
部门负责人签字		日期	

六、项目现场改进机制

项目现场反馈在工作中遇到的各项问题,由中心后台部门协调解决,并推动相关管理经验的固化、沉淀。项目人员同时要有跟踪问题处理进度的意识。

表 3-21　反馈问题的节点

项目阶段	应反馈问题的节点	其他节点
售后服务期(含代维)	日常巡检、机组定检、技术改造、大部件更换、最终交接	随时反馈

根据问题已接收时间确定响应层级,根据问题的严重程度可直接上升响应层级。

表 3-22　问题响应层级

问题已接收时间	响应层级
≤7 天	业务人员
7 天～21 天	部长级管理干部
≥21 天	中心领导

表 3-23　问题反馈跟踪表

序号	日期	问题描述	影响/效果	问题分类	问题反馈人员	项目名称	问题接收人员	解决进度	需协调的资源

"日期"指此项问题提出的具体日期;

"问题描述"需按照 Who、When、Where、What、Why、How 的思路来描述,何人在何时何地什么样的状态下发生了什么事情,据项目的了解,为什么会发生这样的问题;

"影响/效果"指该问题可能造成的影响或解决此项问题可能带来的效果;

"问题分类"可选择管理流程、设计工艺、物资供应、采购、合同签订、业主沟通等方面;

"问题反馈人员"指填写此项问题的提出者;

"项目名称"指问题提出者所属项目的名称;

"问题接收人员"由此项问题的接收人员填写,接收人员同时负责审核问题描述的准确性,并与问题反馈人员确认;

"解决进度"由此项问题的接收人员填写,详细描述该问题的处理进度;

"需协调的资源"填写解决此项问题需要协调的部门、人员层级及其他所需要的资源,如物资的配置等。

第四章　风电场运维业务管理

中国风电已进入规模化发展阶段,风电场装机容量不断扩大,风力发电在电网中所占比例也逐步提高。适应电网要求,提高风电设备的可靠性和运行质量,使风力发电机组达到最佳并网状态,产生更大的经济效益,运用科学方法加强风电场运维管理显得越来越重要。目前,在风力发电经历了高速增长后向稳步发展过渡的时期,对风电场运维管理方式积极进行深入探索,引导风电企业不断适应时代发展的需要,使风力发电更好地为社会服务具有重要意义。

 ## 第一节　项目接入

一、主要工作内容

(1)项目建设完毕经过试运行,通过预验收后,机组即进入售后质保期,事业部指派项目经理,与工程建设项目经理进行现场交接。

(2)接到项目交接通知后,7个工作日内向服务中心提交《运行维护计划书》。

(3)经双方交接签字确认,项目进入质保期内的服务。

(4)项目验收不满足公司交接验收标准的,由在建项目部组织解决后再验收移交。

(5)移交过程中有暂时无法解决的问题,将遗留问题清单以书面形式存档确认后方可接收项目,但遗留问题由在建项目部在规定的日期内组织完成处理。

二、关键点控制

表 4-1　项目接入关键点控制表

工 作 内 容	关 键 点 控 制	把 控 措 施
准入质保检查与验收	（1）项目建设期文件记录是否齐全； （2）机组运行状态和指标是否满足进入质保期	（1）严格按照建设项目过程记录文件清单对准入质保文件进行检查； （2）除对机组运行数据、状态进行检查和分析外，对机组实物要重点检查，对于建设期间遗留的问题要立即处理，短期不能解决的，双方需签订遗留问题确认单
运行维护计划书编制	运行维护计划书的可行性	售后项目经理在编制维护计划书前，要充分地与建设项目经理沟通，了解项目基本信息、客户关系、风险点等，制定符合该项目切实可行、具有指导意义的维护计划书

第二节　故障处理

一、主要工作内容

风电场故障处理是指风电场运行人员进行的机组故障检查、分析和处理等工作，具体有：

（1）故障是指直接影响机组正常运行的问题；

（2）故障处理是指对因机组故障而导致停机的机组进行原因查找、分析，排除故障并恢复正常运行的过程。

二、关键点控制

表 4-2　故障处理关键点控制表

工 作 内 容	关 键 点 控 制	把 控 措 施
故障响应	故障响应时间	（1）依据现场机组运行情况，与客户共同协商，确定最佳响应时间，只要在安全状况允许和工作时间内，维护工作都将按照计划实施； （2）对于基础性维护、日常维护、非紧急情况或者重要情况，正常工作时间响应时间不超过 1 小时

续表

工 作 内 容	关键点控制	把 控 措 施
故障排除	（1）故障原因的准确判断； （2）作业流程规范化	现场配置经过专业培训的员工，遵循运行维护手册进行故障处理作业。故障触发后，需严格按照《故障处理流程》开展工作
故障反馈	（1）故障处理确认单； （2）SM、Oracle 系统、服务请求信息反馈的准确性	故障处理完成后，需根据故障等级完成相应的问题反馈，保证信息反馈的准确性和真实性

三、项目现场故障分析及措施

1. 数据分析

召开项目技术分析会议，分析全年的故障数据，按照故障频次排名，逐个进行分析并制定出预防措施，按照严重程度分为：①立即整改；②重点关注；③持续关注，并将工作指标分配到项目每名成员，每周开会进行数据分析。

表 4-3　××××年全年 TOP 故障分析表

编号	故 障 名 称	次数	原　　　因	预 防 措 施
1	EtherCAT 模块状态诊断功能故障	67	（1）网线干扰； （2）倍福模块损坏； （3）倍福模块松动	（1）4 月份检修中所有通信线路全部重新禁锢； （2）所有倍福模块禁锢，特别是机舱模块用扎带禁锢； （3）找到排查干扰的方法，争取一次性找到故障点
2	1# 变流器警告故障	61	（1）轴流风扇电容损坏； （2）湿度大	（1）检修中检查所有轴流风扇电容，对于容值小的电容更换； （2）从 5 月份至 10 月份在变流柜内放置除湿盒，每月巡检一次并及时更换； （3）塔筒、柜体密封，夏季每月检查一次，具体到个人
3	2# 变流器紧急停机故障	51	（1）轴流风扇损坏； （2）90# 通信故障； （3）ASIC 板损坏； （4）其他	（1）季节性巡检过程中对轴流风扇进行检查，有卡滞的提前更换； （2）对于 90# 通信故障，在 4 月份对全场风机的所有变流网线、通信模块、交换机进行排查； （3）对于 ASIC 板损坏，项目准备好备件； （4）项目针对性培训变流故障处理，争取做到故障一次性处理完毕
4	1# 变流器紧急停机故障	50		

续表

编号	故障名称	次数	原因	预防措施
5	风速仪故障	32	风速仪使用时长轴承卡滞,自复位造成故障频次高	(1)半年检修、全年检修过程中手动正、反时针旋转风速仪15圈,发现有卡滞情况直接更换; (2)日常观察全场风速,发现有异常的机组导出瞬时数据,发现问题登机检查、更换
6	1#变流器出阀压力超低故障	28	(1)罐底腐蚀漏气; (2)气囊损坏; (3)水压低	(1)全场漏气储压罐较多,申请技改; (2)每2天导出水压数据观察变化趋势
7	2#变流器出阀压力超低故障	24		
8	发电机冷却内循环变频器故障	24	变频器损坏后未及时更换	发现损坏,在项目三级库申请备件,及时更换
9	震动开关及变桨安全链故障	24	滑环干扰	(1)申请技改; (2)在半年、全年检修中对滑环进行维护,要求保证至少3个月内不报故障
10	偏航方向故障	23	电阻器损坏	主动技改
11	1#变桨外部安全链故障	22	滑环干扰	(1)申请技改; (2)在半年、全年检修中对滑环进行的维护,要求保证至少3个月内不报故障
12	41#子站总线故障(pitch 1)	18	DP头松动	在4月份、10月份检修中要求对全部DP头进行检查,检查完毕后保证3个月内不报故障

2. 具体工作分工

(1)联系技改、与公司技术部门沟通、故障频次降低具体方案、实施效果、工作安排由项目经理负责。

(2)故障分类、具体实施的技术质量保障措施由技术负责人负责。

(3)物资保障工作由物资员负责,项目经理协助。

3. 对应的措施及时执行

(1)全员动员,制定奖惩制度。

(2)具体执行,保证执行质量。

四、项目现场快速响应故障处理流程

1. 机组运行专人监控

（1）监控时段为早 7:30—晚 8:00，根据项目当天工作情况安排监控人员，保证及时发现机组故障，并第一时间通知兼职技术负责人。

（2）监控方式可以通过远程连接中控室或者全球 SCADA 系统监控。

2. 远程分析机组故障文件

当机组发生故障时，由兼职技术负责人通过远程分析机组故障文件（fb 故障文件）初步判断机组故障原因，要求分析时间控制在 10 分钟之内。

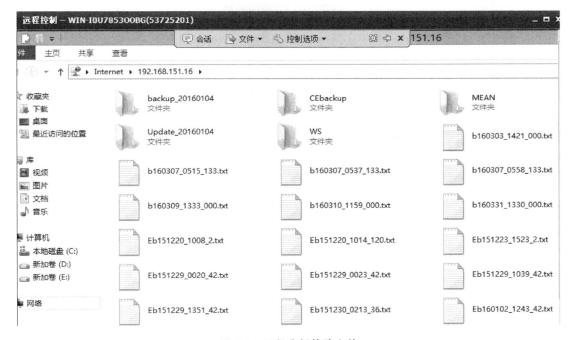

图 4-1　远程分析故障文件

3. 同步下达工作指令

当分析完故障文件，初步判断机组故障原因后，同步下达以下工作指令：

（1）要求兼职安全员根据工作内容完成 SM 系统工单录入。

（2）要求兼职物资员根据故障准备相应的工具和劳保用品。

（3）要求项目司机对车辆进行安全检查。

（4）根据工作需求，通知厨师提前做饭。

（5）由兼职技术负责人去风电场开工作票。

4. SM 系统故障工单录入

（1）兼职安全员根据下发的工作指令录入故障工单。

（2）要求兼职安全员熟悉 SM 系统操作流程，不能出现开错工单情况。

5. 准备工具、备件和安全劳保用品

由物资员根据工作指令,准备处理故障工具、备件和安全劳保用品,要求在 10 分钟之内完成。

(1)要求物资员对项目工具库实施分类管理。

A 类:常用工具主要指项目常用的一些工具,如螺栓刀(大、中、小)、尖嘴钳、斜口钳、活动扳手、万用表、内六方扳手等,并将其整理出一套放置在一个工具包中,也称项目常备工具包,方便物资员快速准备工具。

图 4-2 项目常备工具包及内部工具

B 类:专业工具主要指拆下某些设备必须要用的工具,如 58 件套、25 件套、13 件套等。

C 类:特殊工具主要指项目一些不常用工具,如力矩倍增器、绝缘电阻测试仪等。

技术负责人根据故障情况,需要给物资员下达准备哪类工具。项目常备工具包是每次处理故障必须要携带的。

(2)项目备件准备工作。

技术负责人根据故障分析情况,初步判断可能需要更换的备件,在下达工作指令时,必须明确携带哪种备件,物资员接到指令后要立刻到项目三级库查找是否有此备件,如果没有,需要到风电场合同备件库房借用。如果现场无此备件,但根据处理情况确实需要进行更换该备件,则立即登录服务请求申请备件,避免故障处理延迟。

(3)安全劳保用品准备工作。

物资员根据处理故障人员情况,要准备相应的手套、安全衣和安全锁扣等。

6. 车辆检查

(1)接到工作指令后,由项目司机第一时间对车辆进行安全检查,包括油位、胎压、方向盘等,保证车况正常。

（2）检查风机门钥匙、各柜门钥匙是否放在车内，应常备一套风机门钥匙以及各柜门钥匙在车内，防止物资员准备工具时遗漏钥匙，再返回项目取钥匙而耽误故障处理时间。

（3）要求司机不能擅自开车离开机位，有时处理故障时遗漏某些工具或备件需要回去重新取，司机始终在现场，能保证处理故障的及时性。另外，现场处理完故障后，也能及时将维护人员带回项目进行休息、吃饭等。

7. 通知厨师提前或延后做饭

（1）根据故障所报时间段情况，通知厨师提前做饭。项目正常开饭时间是早上 7：30、中午 12：00 和晚上 6：00，可根据故障报出时间段以及估算本次故障处理时间，通知厨师提前做饭，不能因等吃饭而耽误故障处理时间。

（2）根据故障处理进度情况，如果快到吃饭时间，故障还没有处理好，估算大概还需要多长时间，可通知厨师晚点做饭，或者将做好的饭菜保温好，保证维护人员处理完故障回到项目部能吃到热饭热菜。

8. 开工作票

（1）由兼职技术负责人去风电场开工作票，要求技术负责人熟知风电场开工作票流程制度，争取一次开票通过，避免错写、漏写内容而重新开票耽搁时间。

（2）工作票签完字后，将原件留在风电场，携带好复印件并交给本次故障处理负责人保管。

9. 故障处理

由兼职技术负责人根据故障难易程度，安排至少 2 人参加故障处理，并指派一名负责人，共同完成故障处理，并携带好 iPad，做好故障处理记录。

10. 完结故障工单

故障处理结束后，由故障处理负责人根据故障处理情况，完结工单，要求不能出现错结工单情况。

11. 完结工作票

故障处理结束后，由兼职技术负责人去风电场完结工作票，要求技术负责人熟知结票流程。

12. 故障经验分享

（1）由项目经理负责建立项目工作日志，每天早上 7：50 做好当天工作安排，在早班会8：00 宣布，并指出具体每项工作负责人。晚 7：30—8：00 由项目经理主持召开总结会，对当天工作完成情况进行记录汇总，当天未完成的工作，要制订出下一步工作计划。编写项目工作日志的目的是以后能对前期的工作情况有记录可查，同时为编写月度、季度、年度工作总结报告提供可靠依据。

（2）由项目经理组织周例会，在周例会进行故障处理经验分享，并根据本周处理故障情况，对于完成不好的人员进行微信红包处罚，如果完成都比较好，那么就由项目经理自行发放红包，以示奖励。

（3）处罚金额可根据工作性质，以及对工作影响情况由项目经理制定，项目员工可以发表参考意见，但金额最多不能超过 50 元。奖励金额由项目经理根据本周工作情况，进行适当奖励，金额不限。

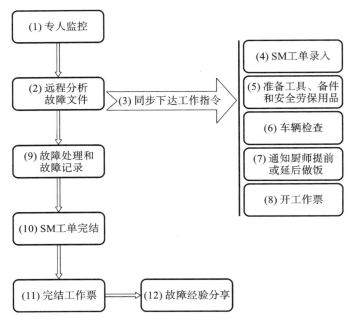

图 4-3　风电场故障处理流程图

日志模板如下：

XXX 项目　　年　　月　　日工作日志

工 作 内 容	负 责 人	工作完成情况	下 一 步 计 划

 第三节　机组定检

一、主要工作内容

定检是定期对风力发电机组机械、电气等设备进行维护和保养工作,确保风力发电机组稳定运行。定检分为 500 小时定检、半年定检、全年定检、超三个月未运行定检。具体管理工作有:

(1) 机组开始定检前,项目经理现场与业主驻场代表沟通后,完成《机组定检计划和方案》的编制及评审。

①在定检工作开始前一个月内,现场完成对定检物资、技术指导文件、工器具、劳保用品等申请工作。

②对于计划检修外包的项目,每月 10 日之前,事业部完成下月各现场检修外包申请工作。

③外包方进场后,根据《服务外包方入场检查单》,对施工人员和设备的资质进行审核,并符合《劳动防护用品管理制度》《特种作业人员管理制度》。如资质材料和设备不符,禁止外包方作业,并拍照反馈至售后管理部。

④作业前,现场要对外包方人员进行技术交底(可组织外包人员进行检修标准化视频的学习)、安全交底、安全告知和安全培训工作,并保存记录。在 1 个工作日内,以扫描件的方式上传至 OA 的定检文件夹。

⑤事业部将外包方作业纳入安全监察范围,严格按照《风力发电场安全操作规程》和双方签订的《检修技术服务安全协议书》要求进行管控。

⑥定检时,手持检修工单或终端设备,逐条检查和记录结果,对于测量项,填写实际测量值,保证真实有效。

(2)定检期间,售后管理部每月向质量安全部提供检修进度,质量安全部派质量工程师对检修项目进行抽查。检查过程中,对定检存在的质量问题及时纠正,并反馈检查报告。

(3)定检期间,严禁出现消极怠工等不配合定检的情况发生,外包项目的定检周期在无特殊情况下不允许超过 45 天。

(4)当天检修完毕的清单,在有条件时,当天就请业主方代表签字确认;不具备天天签字条件时,可定期联系业主方代表签字确认;签字确认的《检修清单》一份交由业主方存档(后抄的一份),一份装订成册,发回片区中心存档,一份现场存档。

(5)整体检修完毕后 3 天内出具本次《检修报告》,一式三份,经业主方代表签字后,一份由业主存档,一份发回片区计划专责处存档,一份现场存档,并将电子版上传 edoc 系统。

二、关键点控制

表 4-4　机组定检关键点控制表

工作内容	关键点控制	把控措施
检修准备	1. 检修方案编制和审批; 2. 检修物品的准备	1. 售后项目需在每年 11 月份编制下一年度的检修计划,新接项目在检修开始前编制检修作业方案并进行审核、批准; 2. 检修所需备件、工具、耗品等在开始检修前 15 天应全部到场
进度保障	1. 开工日期确认; 2. 检修时间偏差控制	1. 以书面形式告知业主具体检修开始的日期,得到业主许可后方可进行检修工作; 2. 完成检修时间应控制在检修计划时间的前后一个月内

工作内容	关键点控制	把控措施
质量保障	1. 检修工作会议及培训； 2. 检修质量过程控制	1. 在检修工作开始前，项目部应组织人员召开检修工作会议，并做好会议记录； 2. 对检修人员进行维护手册、检修清单等技术文件的培训以及检修工器具使用方法的培训，并且做好培训和评估记录； 3. 检修过程中检修人员手持检修清单逐项检查并逐项记录
工作确认	检修报告编制与确认	1. 检修完毕后3天内编制出本次《检修报告》，7天内让业主完成《检修报告》的签字确认； 2.《检修报告》一式三份，经业主方代表签字后，分别由业主、事业部计划专责、现场存档，并将电子版上传 edoc 系统

三、检修计划及方案

通过制定精细的检修计划及方案，可以明显提高检修效率，保证检修质量，降低检修安全风险，同时也能保证项目其他各项工作有条不紊开展，提高项目整体工作效率。

为了使检修计划更准确，降低计划偏差，保证客户满意度，项目首先对机组运行数据进行分析。

下表是某风电场2015年运行数据分析（11月、12月未生成数据），从表格可以看出全年低于6 m/s 的风频占比较高的月份是4月、5月、6月、7月、8月，均适合开展检修工作。1月、2月、3月、10月限电较为严重，平均限电天数为10.5天。

表4-5 某风电场运行数据分析

月份	1月	2月	3月	4月	5月	6月	7月	8月	9月	10月	11月	12月
低于6 m/s 风频占比 /（%）	29.03	28.57	25.81	52.25	47.67	49.04	97.94	69.55	41.29	42.63	—	—
发电时间 /h	76570.18	86381.15	105612.9	109022.57	131358.75	117106.55	107747.75	109925.77	122190.77	84444.09	—	—
限电时间 /h	214.75	293.12	293.57	86.08	63.42	0	0	8.52	81.69	202.42	—	—

续表

月份	1月	2月	3月	4月	5月	6月	7月	8月	9月	10月	11月	12月
限电损失电量比/(%)	32.25	53.06	34.86	10.96	7.32	0	0	1.35	11.15	31.49	—	—
检修技改损失电量/(%)	0	0.02	0.15	0.10	0.03	0.07	0.25	0.05	0.07	0.01	0	0

备注:根据 2015 年风速数据,算出低于 6 m/s 风速在每月中的占比;根据 2015 年运行生产月报导出的电量损失占比.xls 文件,得出限电及检修技改损失电量占比。

四、检修方案

1. 检修时间窗口分析

表 4-6　项目检查工作计划表

	1月	2月	3月	4月	5月	6月	7月	8月	9月	10月	11月	12月	全年合计
平均风速/(m/s)	8.55	6.23	7.23	6.2	9.22	5.65	6.51	5.59	5.95	7.64	8.34	9.52	7.22
6 m/s 以下可检修天数/天	9	8	8	13	7	16	20	22	10	6	—	—	119
8 m/s 以下可检修天数/天	14	16	17	20	16	22	28	26	22	12	—	—	193
限电可检修天数/天	8.9	12.2	12.2	3.6	2.6	0.0	0.0	0.4	3.4	8.4	—	—	51.7
全年检修台数/台	0	0	49	50	49	50	0	0	0	0	0	0	198
半年检修台数/台	0	0	0	0	0	0	0	49	50	50	49	0	198
人员配置/人	10	10	10	10	10	10	10	10	10	10	10	10	—

依据 2015 年每月的风频(10 月因数据丢失差一周数据,11 月、12 月未有数据导出),可以看出当检修风速限制在 6 m/s 以下时:4 月到 9 月平均可检修天数为 14.7 天,较适合开展检修工作;当检修风速限制在 8 m/s 以下时:1 月到 10 月平均可检修天数为 19.3 天,大大增加了检修工作日;限电可检修天数主要集中在 1 月到 3 月及 10 月,其余月份限电较少。

2. 检修资源匹配分析

项目现场不可控的风险有:牧民阻拦、天气、电网故障。其中牧民阻拦是主要风险,全场 198 台风机因牧民阻拦拉网子,能够顺利进入的目前只有 102 台机组,剩余 96 台机组存在不同程度阻拦围困。可控的风险有:人员短缺、任务堆叠、客户主观愿望、工器具故障、人员疲劳、负责人责任心、物资短缺、节假日影响。本项目现场按机组投运周期和业主的特殊需求,将每年的全年检修放在夏季进行,半年检修放在冬季进行。每年 3 月开始全年检修,9 月开始半年检修,尽可能地减少检修电量损失。

在不考虑牧民阻拦以及雷、雨、雪天气等原因,102 台机组按照 3 月到 6 月 6 m/s 以下风速月平均检修天数 11 天计算,以及 8 m/s 以下风速月平均检修天数 19 天计算,得出 3、4、5 组人所需的检修天数(检修天数=102/(台)/(可检修天数 11 或 19)×30)。

表 4-7　检修资源数据对比表 1

组数	台数	检修天数 (6 m/s 以下风速)	检修天数 (8 m/s 以下风速)	备　　注
3	3×2 台=6 台	46.4 天	26.8 天	
4	4×2 台=8 台	34.8 天	20.1 天	
5	5×2 台=10 台	27.8 天	16.1 天	

从上面表格可以看出,102 台机组不考虑牧民阻拦等意外情况,建议采用 5 组人检修,同时检修风速提高到 8 m/s,将检修周期缩短为 16.1 天。根据 2015 年 3 月到 6 月的平均检修损失电量约为 3.45×10^4 kW·h,和三组人 6 m/s 的检修风速比较,可以挽回 3.45×10^4 kW·h 电量损失。

剩余 96 台机组存在不同程度的牧民阻拦,均属于检修进度不受控机组。现场初步统计出大概 18 台机组可以步行携带增力包等工具进行检修,但是这样一来势必会增加外包检修方人员的劳动强度,在原有单台机组检修价格的基础上增加 500 元。完成 18 台机组检修工作,需额外付出费用=500 元/台×18 台=9000 元。

另外 78 台机组均存在牧民阻拦,检修工作可能会随时遭到牧民阻拦而停止。78 台机组不考虑牧民阻拦和天气原因,按照 3 月到 6 月 8 m/s 以下风速,月平均检修天数 19 天计算,得出 3、4、5 组人所需的检修天数(检修天数=78/(台)/(可检修天数 11 或 19)×30)。

表 4-8　检修资源数据对比 2

组数	台数	检修天数(6 m/s)	检修天数(8 m/s)	备　　注
3	3×2 台=6 台	35.5 天	20.5 天	
4	4×2 台=8 台	26.6 天	15.4 天	
5	5×2 台=10 台	21.3 天	12.3 天	

考虑牧民阻拦和天气原因,参照 2015 年大概 30 天的误工时间计算,外包检修方每人每月的工资 5000 元,每组 4 人计算。3 组人产生的误工费用=12×5000 元=60000 元;4 组人产生的误工费用=16×5000 元=80000 元;5 组人产生的误工费用=20×5000 元=100000 元。由于牧民阻拦,机组检修比较困难,为了缩短检修周期尽快完成检修工作,建议将风速

放宽到 8 m/s。根据 2015 年 3 月到 6 月平均检修损失电量 3.45×10^4 kW·h,折算电价为 $3.45\times10^4\times0.55$ 元＝1.9 万元。所以,综合考虑 78 台受牧民阻拦的机组应当 3 组人进行检修,经济损失较小。

3. 检修机组优先顺序安排

1) 原则

首先对机组预警及报故障较多的机组进行检修,保证机组健康稳定运行;其次在小风天优先安排发电性能较好的机组进行检修,保证机组在大风天时有稳定输出;最后根据到达机组道路情况,在同等情况下优先安排特殊天气或者季节道路难以到达的机组,以免因为道路情况影响机组检修进度。

2) 机组优先顺序安排

结合 2015 年机组发电情况及 2016 年机组实际发电量情况,考虑到机组在 5 月到 7 月刚刚完成机组的 500 小时检修,且进入 11 月份后风况较好,故将机组的半年检修安排至 10 月进行;从机组发电量对比可以看出,27♯机组发电性能最优,44♯机组发电性能最差,故在小风天同等条件下优先检修 27♯机组,保证 27♯机组在大风天有稳定的功率输出;还可以看出 69♯故障时间最长,70♯机组故障时间最少,故优先对 69♯机组进行检修,保证机组稳定运行;从现场 TOP10 故障信息可以看出,现场变流器紧急停机、变桨子站总线及发电机冷却低速运行反馈故障较多,在检修时要对故障较多机组做重点检查;从单台机组发生故障次数可以发现 69♯发生故障次数最多,故对 69♯进行全面检查,减少机组故障次数提升机组发电量;阴雨天对现场道路影响较大的机组为 25♯、26♯、27♯、32♯、36♯、37♯、38♯和 57♯机组;结合以上分析可以推出机组优先顺序。

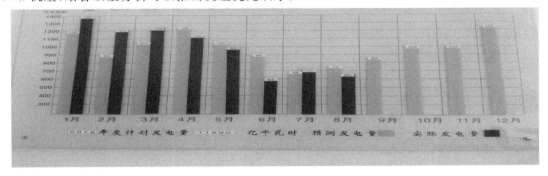

图 4-4　2015 年实际发电量和 2016 年发电量计划

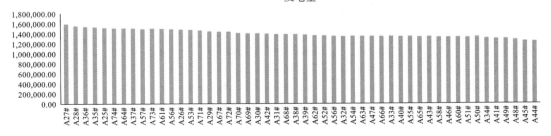

图 4-5　机组发电量对比

故障时长

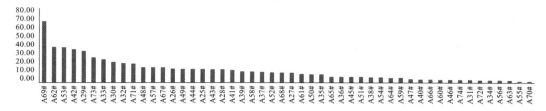

图 4-6　机组故障时长

TOP10故障

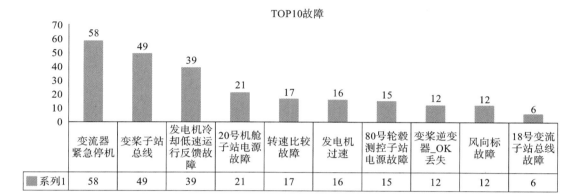

	变流器紧急停机	变桨子站总线	发电机冷却低速运行反馈故障	20号机舱子站电源故障	转速比较故障	发电机过速	80号轮毂测控子站电源故障	变桨逆变器_OK丢失	风向标故障	18号变流子站总线故障
系列1	58	49	39	21	17	16	15	12	12	6

图 4-7　机组 TOP10 故障

故障次数

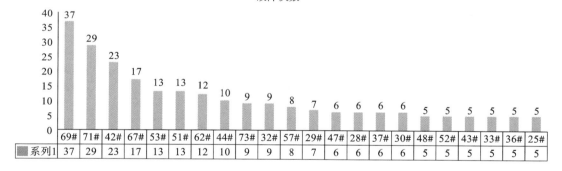

	69#	71#	42#	67#	53#	51#	62#	44#	73#	32#	57#	29#	47#	28#	37#	30#	48#	52#	43#	33#	36#	25#
系列1	37	29	23	17	13	13	12	10	9	9	8	7	6	6	6	6	5	5	5	5	5	5

图 4-8　机组故障次数

表 4-9　检修机组顺序

	涉及机组	故障次数较多	故障时间较长	小风天发电性能较好	雨天对道路影响较大	安 排 原 则
第一批优先检修机组	69＃、71＃、67＃、53＃、73＃、57＃	69＃、71＃、67＃、53＃、73＃、57＃	69＃、71＃、67＃、53＃、73＃、57＃	69＃、71＃、67＃、53＃、73＃、57＃	69＃、67＃、53＃、57＃	在故障频次较多及故障时间较长的情况下，机组的发电性能排在前20名的机组

续表

	涉及机组	故障次数较多	故障时间较长	小风天发电性能较好	雨天对道路影响较大	安排原则
第二批优先检修机组	42#、51#、62#、44#、32#、29#、47#、28#、37#、30#、48#、52#、43#、33#、26#、25#	42#、51#、62#、44#、32#、29#、47#、28#、37#、30#、48#、52#、43#、33#、26#、25#	42#、44#、32#、29#、28#、30#、48#、43#、33#、26#、25#	28#、37#、26#、25#	37#、26#、25#	优先对现场发生故障较多的机组进行检修,确保机组运行可靠性,提升机组发电量
第三批优先检修机组	27#、36#、35#、74#、64#、61#、59#、70#、72#			27#、36#、35#、74#、64#、61#、59#、70#、72#	27#、35#、36#、74#、72#	优先对现场机组发电性能较好的机组进行检修,保证机组在大风天有较好的功率输出
第四批优先检修机组	38#、39#、58#、68#				38#、39#、58#、68#	对道路难以到达的机组优先检修,以免道路问题影响检修进度
第五批优先检修机组	31#、34#、40#、41#、45#、46#、49#、50#、54#、55#、56#、60#、63#、65#、66#					剩余15台机组检修

4. 检修质量保证措施

检修开始前做好与外包检修单位和项目人员的技术交底,强调检修中加强关键点维护(如1.5 MW机组发电轴承间隙、绝缘测量以及滑环维护,750 kW机组高速刹车片间隙调整和更换,偏航计数器的校对等),每台机组检修完成后均需提供关键点照片反馈。同时,检修时邀请业主方风机专工参与,制定适合本风电场的检修标准,发现问题及时纠正。检修完成后与业主方风机专工组织验收工作,如发现有检修不到位或者漏项的,要全部返工,同时追究外包检修方和我方监督人员责任。本次检修中将 2015 年未发且未能消除的缺陷,在检修前做好消缺物资的准备,检修时统一进行消缺。

5．检修预期价值

通过本次检修可以消除的 750 kW 机组故障有:液压油位低、闸磨损、安全链 OK、齿轮油堵塞故障。根据 2015 年开具的检修工作票,统计出的故障的比例为 58.0％。通过检修可以消除的 1.5 MW 机组故障有:6♯子站总线故障、进出阀压力低、变桨备电充电器无准备、变桨备电电容电压低,在 2015 年故障的比例为 30.84％。在检修中将以上故障消除掉,按照 2015 年检修故障损失的电量,能够减少故障时间 2007.85 h,挽回故障损失电量 53.53×10^4 kW・h。以上数据均由 2015 年达茂风电场风机非计划工作台账记录.xlsx 统计得出。

五、改善提升

1．重点关注的机组问题

(1) 750 kW 机组主要关注的是 SVC 不能投运倒吸无功,导致风电场无功损耗较大。处理措施:通过 SVC 技改,增加 SVC 的稳定性,满足机组自身无功需求,处理时间节点是 2016 年 6 月 30 日。负责人:XXX。

(2) 1.5 MW 机组主要关注的问题是超级电容容值衰减,造成机组频繁报变桨备电充电器无准备故障。处理措施:①对现有的超级电容做技改;②更换超级电容。处理时间节点是 2016 年 6 月 30 日。负责人:XXX。

2．重点预防的故障

(1) 750 kW 机组闸磨损故障、液压油位低故障以及齿轮油堵塞故障。预防措施:针对闸磨损故障,在检修中调整闸间隙,对磨损严重的刹车片进行更换;检修中及时补充液压油,紧固液压管路,并且检查液压管路和液压油缸是否有渗漏,如有渗漏等情况及时处理;针对夏季机组频繁报齿轮油堵塞故障,建议在定期检修中集中更换齿轮油滤芯。负责人:XXX。

(2) 1.5 MW 机组 6♯子站总线故障以及发电机绝缘和发电机轴承间隙故障。预防措施:在 1.5 MW 机组检修过程中,做好滑环维护工作,以及发电机绝缘和轴承间隙的测量工作,每台均以关键点照片的形式反馈,严格把控检修质量。负责人:XXX。

六、人员资质审核及培训

外包人员入场前,对他们的相关资质做了严格、详细、全面的检查,检修工作开始前,对全体参与检修工作的人员进行安规培训,风机危险点告知,提升机使用及物品吊装培训,风机检修清单讲解,对检修计划进行公示和告知,经审核、培训考试合格后方能进行检修工作。对以上培训提交培训资料,使检修人员对检修各事项有初步认识,培训结束后人员签字确认并做好存档。

(1) 人员特种作业资质检查(见附件 1)。

(2) 检修人员安全培训及检修技术培训(见附件 2、附件 3)。

七、检修工器具准备及安全劳保用品检查工作

1. 检修工器具清单

某风电场机组类型为 93/1500 机组,配置:变流为 Freqcon 主动变流,变桨为国产 Vensys 第三版,塔筒高度为 85 m,机组基础有 PH 基础与反向平衡法兰基础。

根据机组配置准备检修工具(具体工具清单见附件 4)。

2. 计量工器具检查

(1) 计量工器具检查(见附件 5)。

(2) 鉴定证书。

3. 安全用品检查(见附件 7)

4. 司机及车辆检查

(1) 车辆资质审核(见附件 8)。

(2) 司机资质及车况检查(见附件 9)。

八、检修物资及附件

表 4-10　检修物资清单

序号	系　统　物　料	单位	数量	备　　注
1	低温润滑脂｜力富 SHC460WT	kg	50	发电机油脂及驱动轮油脂
2	变桨减速器润滑油｜Shell Omala HD150	L	25	—
3	道达尔液压油｜Total equivis XV32	L	100	液压油
4	偏航/变桨轴承润滑脂｜fuchs gleitm 585K	kg	300	偏航齿轮及变桨轴承油脂
5	金丝触点喷剂｜SAF Art Nr. 418000010	瓶	3	滑环维护,33 台/瓶
6	防水绝缘胶带	卷	20	—
7	电工胶布(黑)	卷	20	—
8	尼龙绑扎带(低温型、黑色)｜150×3.6	个	50	—
9	尼龙绑扎带(低温型、黑色)｜300×4.8	个	50	—
10	尼龙绑扎带(低温型、黑色)｜630×9	个	50	—
11	节能灯｜30 W	个	50	—
12	高效清洗剂｜1755EF　400 g/罐	罐	100	—
13	自喷漆	瓶	20	—
14	4936779(附带喷管、装满润滑油)	套	3	滑环维护,33 台/瓶

根据《某公司 1.5 MW 机组运行维护手册(变桨驱动器Ⅱ型、Switch 变流器)-A0-服务》(QGW 2FW1500.77—2012)对机组油脂加注进行以下说明:

(1) 低温润滑脂为发电机前后轴油脂,现场属于高寒地带,不能使用常温 SKF 油脂。发

电机油脂在检修时前轴加脂 300 g,后轴加脂 200 g,总共每台需加注 500 g。

（2）变桨减速器润滑油在加注时注意对叶片朝下的减速器进行检查,如果油位未达到 2/3,对其进行加注。其余两个叶片也必须调整到叶片朝下时才能进行检查与加注。

（3）道达尔液压油 | Total equivis XV32 为机舱液压系统加注油脂,要求液压油油位大于或等于 2/3。

（4）偏航/变桨轴承润滑脂为偏航加脂器及变桨轴承加注油脂,按照要求偏航加脂器内油脂加注 1/2 以上,轮毂内每个变桨轴承加注 1250 g,每台机组加注 585 K 油脂约 5 kg。

九、检修计划

根据项目实际情况制订检修计划。

十、外包方资质审核及培训

因外包方进场时间较晚,提交检修计划时无法提供外包方公司、人员、设备资质,因此在外包方进场后由现场维护人员整体报送资质,确保人员及设备资质合格。

（1）外包方公司资质;
（2）外包方人员资质;
（3）外包方人员安全告知及培训;
（4）外包方工器具检查;
（5）外包方计量器具检查及检定证书;
（6）外包方车辆检查。

十一、工作标准及质量安全保证措施

1. 工作标准

（1）检修标准按《某公司 1.5 MW 机组检修手册》（版本为 A 编号:GW-06FW.0030）执行。

（2）为保证业主方及设备供应商安全生产管理,保证检修过程中人身及设备安全,必须严格按照安全规程实施作业,同时也需要业主方进行监督,如发现有安全隐患请及时给予指正。雷雨天气及夜间杜绝对机组内部进行维护工作。

（3）服务过程中遵守业主方风电场日常管理规定,执行业主方工作票等制度,如与我公司日常管理规定有冲突,双方协商解决。

2. 质量安全保证措施

（1）做好工器具和物资的检查和准备工作,确认进行检修的工具可靠好用。

（2）检查风机灭火器情况,确保灭火器在正常使用期。

（3）做好后勤物资储备,准备好塔上工作人员的午饭。

（4）每日晨会对当日工作应注意事项进行告知（包含但不限于安全、工作分配等）,检修人员携带检修清单,按照清单各项进行检修,并完成检修清单的填写与问题记录,及时解决机组出现的问题。当天检修结束后,请业主对检修清单签字确认。

（5）每周结束后对本周检修工作进行总结,针对检修工作中出现的安全、质量、进度等问题制定解决措施。

（6）项目每周对检修完的风机抽检 1 台,以检查检修各项工作的具体落实情况。

十二、检修报告

检修报告编写主要规范了现场检修报告的形式,增加了检修过程中需要完成的关键点内容及检修过程中已处理的缺陷和未处理的缺陷统计,使客户对我公司的检修过程及内容能够充分了解。

此版本检修报告主要起草单位:某科技股份有限公司。

此版本检修报告主要起草人:XXX。

此版本检修报告适用于某公司所有机型 500 小时检修、半年检修以及全年检修。

此版本检修报告所涉及的内容解释及修改权归属于主要起草人。

起草人联系方式:

联系人:XXX

联系电话:XXX

联系邮箱:XXX

如后期遇到新的修改建议和需要沟通的问题联系 XXX。

根据某科技股份有限公司 87/1500 机组检修规程,于 2015 年 04 月 17 日对某风电场 33 台机组进行第一次全年检修(C 级维护),截至 2015 年 05 月 22 日,检修工作已经全部完成,机组运行稳定,达到定期检修的标准。

项目信息如下。

1. 项目基本信息

表 4-11　项目基本信息表

客 户 名 称		项 目 名 称	
机组型号		变桨配置	
变流配置		检修方式	
冷却配置		检修周期	
施工单位			

2. 检修窗口测算

表 4-12　检修窗口测算表

	1 月	2 月	3 月	4 月	5 月	6 月	7 月	8 月	9 月	10 月	11 月	12 月
平均风速/(m/s)												

续表

	1月	2月	3月	4月	5月	6月	7月	8月	9月	10月	11月	12月
平均风速 6 m/s 以下可检修 天数/天												
平均风速 8 m/s 以下可检修 天数/天												
限电可检修 天数/天												
全年检修/台												
半年检修/台												
人员配置/人												

3. 人员设备的资质审核

检修人员入场前,对他们的相关资质做了严格、详细、全面的检查,经审核合格。具体检查结果如下所示(详细检查结果见附件 11)。

表 4-13　人员设备的资质审核表

序号	检查项目	检查标准	检查结果
1	公司资质		
2	人员资质		
3	检修车辆		
4	检修工具		
5	安全防护用品		

4. 安全管理

1) 培训

检修工作开始前,检修人员进场后,对全体参与检修工作的人员进行安规培训 1 次,风机危险点告知培训 1 次,提升机使用及物品吊装培训 1 次,风机检修清单讲解 1 次,对检修计划进行公示和告知。对以上培训提交培训资料,使检修人员对检修各事项有初步认识,培训结束后人员签字确认并做好存档。

表 4-14　三级安全教育表

序　号	培训主题	责　任　人	时　间	地　点
1	检修安全培训			
2	检修技术培训			
3	检修实操培训			
4	培训考试			

2）准备

（1）做好工器具和物资的检查和准备工作，确认进行检修的工具可靠好用。

（2）检查风机灭火器情况，确保灭火器在正常使用期。

（3）做好后勤物资储备，准备好塔上工作人员午饭。

（4）做好相关资质的检查、审核。

3）检修

（1）每日晨会对当日工作应注意事项进行告知（包含但不限于安全、工作分配等），检修人员携带检修清单，按照清单各项进行检修，并完成检修清单的填写与问题记录，及时解决机组出现的问题。当天检修结束，召开班后会，请业主对检修清单签字确认。

（2）每周结束后对本周检修工作进行总结，针对检修工作中出现的安全、质量、进度等问题制定解决措施。

（3）检修过程中由专人进行现场监督、旁站。

（4）项目每周对检修完的风机抽检 1 台，以检查检修各项工作的具体落实情况。

某风电场相关培训记录见附件 12。

5. 操作规范及说明

（1）检修期间，每项工作出现问题或做完调整，必须记录在检修清单表格内，首次检修结果填写到"检查结果"一栏中，临时处理内容填写到"修正"一栏中，最终检修结果填写到"最终结果"一栏中，每项均要认真填写；如发现问题做好记录，及时通知现场负责人，组织人员做好相应的处理工作。

（2）根据检修清单和检修阶段选择机组配置相应项进行检修。

（3）操作过程中安全注意事项，严格按照某公司安全管理文件执行。

（4）锁定叶轮时，严格按照《某科技公司 1500 kW 机组叶轮锁定操作规范》。

（5）使用仪器、工具操作时，严格按照各种仪器工具的使用手册进行操作。

6. 检修过程关键内容

检修过程中的关键点展示如下。

1）发电机绝缘电阻值测量

（1）测量方法见附件 13。

（2）发电机绝缘电阻值测量数据表：

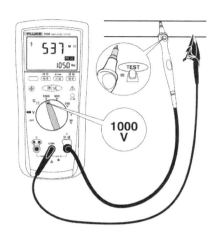

图 4-9　测量工具

表 4-15　发电机绝缘电阻值测量数据表　　　　　　　　单位：MΩ

机位号	正常绝缘值范围	N1 对地绝缘		N2 对地绝缘		N1/N2 间绝缘	
		15 s	60 s	15 s	60 s	15 s	60 s
7A01	大于 50	20	1329	80	978	452	1084
7A02	大于 50	586	1263	674	1228	586	1008
7A03	大于 50	389	1495	402	1179	386	957
7A04	大于 50	482	1231	435	995	477	1255
7A05	大于 50	366	896	548	1216	576	1462
7A06	大于 50	677	1565	605	1572	624	1674
7A07	大于 50	467	1457	545	1678	537	1401
7A08	大于 50	622	1529	627	1615	525	1825
7A09	大于 50	518	1463	438	1435	524	1423
7A10	大于 50	556	1763	538	1683	648	1695
7A11	大于 50	600	1686	399	1221	436	1343
7B01	大于 50	304	1008	366	1044	362	1025
7B02	大于 50	600	1686	340	1261	503	1162
7B03	大于 50	642	1272	672	1038	655	1209
7B04	大于 50	683	1227	399	1221	436	1343
7B05	大于 50	742	1658	684	1284	648	1372

机位号	正常绝缘值范围	N1 对地绝缘		N2 对地绝缘		N1/N2 间绝缘	
		15 s	60 s	15 s	60 s	15 s	60 s
7B06	大于 50	435	1532	1351	1234	253	690
7B07	大于 50	257	1082	761	1263	472	1283
7B08	大于 50	644	1719	667	1238	575	1537
7B09	大于 50	300	975	324	1204	472	1306
7B10	大于 50	387	945	405	1319	394	1770
7B11	大于 50	392	1481	432	1696	457	1211
7C01	大于 50	503	1612	559	1512	622	1858
7C02	大于 50	493	1715	752	1943	685	1813
7C03	大于 50	290	875	330	1026	369	1037
7C04	大于 50	685	1834	765	1786	505	1375
7C05	大于 50	546	1410	489	1617	635	1473
7C06	大于 50	463	1515	762	1743	655	1613
7C07	大于 50	490	865	730	1036	569	1017
7C08	大于 50	675	1534	665	1746	875	1275
7C09	大于 50	746	1210	449	1517	535	1673
7C10	大于 50	844	1619	677	1038	595	1337
7C11	大于 50	380	975	624	1304	472	1106

注：　　　　（0～50 MΩ）表示实际测量的发电机绝缘阻值低于正常范围，需及时登录服务请求，要求公司相关部门提供解决方案。

　　　　（50～300 MΩ）表示实际测量的发电机绝缘阻值接近正常范围，后续需现场重点关注；

　　　　（300 MΩ 至无穷大）表示实际测量的发电机绝缘阻值远远大于正常范围。

结论：通过本次对某风电场 33 台机组发电机绝缘的测量结果可以看出，现场 33 台机组发电机绝缘值均在正常阻值范围内，达到风力发电机组正常运行标准。

2）发电机后轴承间隙测量

（1）测量工具如下所示。

（2）测量方法见附件 14。

（3）发电机后轴承间隙测量数据表：

图 4-10　厚薄规

表 4-16　发电机后轴间隙测量值　　　　　　　　　　单位:mm

机位号	2点钟方向	6点钟方向	10点钟方向	是否合格
7A01	0.04	0.04	0.06	合格
7A02	0.06	0.04	0.03	合格
7A03	0.04	0.07	0.04	合格
7A04	0.05	0.06	0.05	合格
7A05	0.04	0.06	0.07	合格
7A06	0.06	0.04	0.06	合格
7A07	0.07	0.06	0.06	合格
7A08	0.06	0.03	0.03	合格
7A09	0.04	0.04	0.04	合格
7A10	0.04	0.05	0.06	合格
7A11	0.07	0.07	0.07	合格
7B01	0.06	0.06	0.07	合格
7B02	0.06	0.06	0.06	合格
7B03	0.04	0.06	0.05	合格
7B04	0.04	0.04	0.04	合格
7B05	0.06	0.06	0.04	合格
7B06	0.07	0.04	0.07	合格
7B07	0.05	0.04	0.06	合格
7B08	0.04	0.05	0.06	合格
7B09	0.06	0.06	0.04	合格
7B10	0.06	0.04	0.04	合格
7B11	0.03	0.06	0.06	合格

续表

机位号	2 点钟方向	6 点钟方向	10 点钟方向	是否合格
7C01	0.04	0.07	0.04	合格
7C02	0.05	0.07	0.06	合格
7C03	0.07	0.06	0.04	合格
7C04	0.06	0.05	0.04	合格
7C05	0.05	0.04	0.05	合格
7C06	0.06	0.06	0.06	合格
7C07	0.04	0.05	0.05	合格
7C08	0.06	0.06	0.06	合格
7C09	0.05	0.06	0.06	合格
7C10	0.07	0.04	0.04	合格
7C11	0.05	0.06	0.06	合格

（＞0.2 mm）表示实际测量的间隙值大于正常范围,需及时登录服务请求,要求公司相关部门提供解决方案。

（0.1～0.2 mm）表示实际测量值接近正常范围,后续需现场重点关注。

（≤0.1 mm）表示实际测量值在正常范围内。

结论:通过本次对某风电场 33 台机组发电机后轴承间隙的测量结果可以看出,现场 33 台机组发电机后轴承均在正常范围内,达到风力发电机组正常运行标准。

3）齿形带张紧力测量

（1）张紧力测量工具及方法：

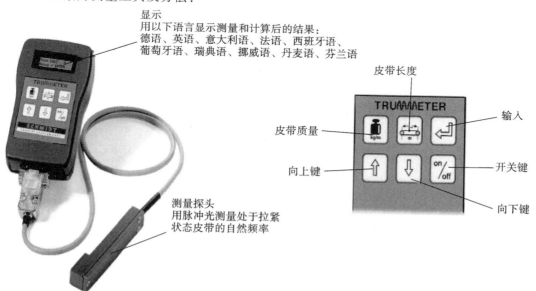

显示
用以下语言显示测量和计算后的结果：
德语、英语、意大利语、法语、西班牙语、
葡萄牙语、瑞典语、挪威语、丹麦语、芬兰语

皮带长度

TRUMMETER

皮带质量　　　　　　　输入

向上键　　　　　　　　开关键

向下键

测量探头
用脉冲光测量处于拉紧
状态皮带的自然频率

图 4-11　音波张力计

（2）测量方法见附件 15。

（3）现场实际测量数据：

表 4-17　齿形带频率测量值　　　　　　　　　　　　单位：Hz

机　位　号	叶片 1	叶片 2	叶片 3	是 否 合 格	如不合格是否调整
7A01	95/201	90/202	93/198	合格	
7A02	94/203	93/205	97/200	合格	
7A03	91/203	92/204	97/198	合格	
7A04	90/204	96/205	92/208	合格	
7A05	95/201	90/202	93/198	合格	
7A06	94/203	93/205	97/200	合格	
7A07	91/203	92/204	97/198	合格	
7A08	90/204	96/205	92/208	合格	
7A09	95/201	90/202	93/198	合格	
7A10	94/203	93/205	97/200	合格	
7A11	91/203	92/204	97/198	合格	
7B01	90/204	96/205	92/208	合格	
7B02	95/201	90/202	93/198	合格	
7B03	94/203	93/205	97/200	合格	
7B04	91/203	92/204	97/198	合格	
7B05	90/204	96/205	92/208	合格	
7B06	95/201	90/202	93/198	合格	
7B07	94/203	93/201	97/200	合格	
7B08	91/203	92/200	97/198	合格	
7B09	90/204	96/205	92/208	合格	
7B10	95/205	90/203	93/198	合格	
7B11	94/203	93/205	97/200	合格	
7C01	91/203	92/204	97/197	合格	
7C02	90/204	96/205	92/208	合格	
7C03	95/201	90/202	93/198	合格	
7C04	94/203	93/205	97/200	合格	
7C05	91/206	92/204	97/199	合格	
7C06	90/204	96/201	92/208	合格	
7C07	95/201	90/202	93/198	合格	
7C08	94/207	93/205	97/200	合格	
7C09	91/203	92/200	97/198	合格	

机　位　号	叶片 1	叶片 2	叶片 3	是否合格	如不合格是否调整
7C10	90/204	96/205	92/208	合格	
7C11	95/201	90/202	93/198	合格	

结论:通过对机组偏航制动器摩擦片的检查与测量,可及时发现不符合机组运行条件的摩擦片,保证了机组的安全稳定运行。如果发现不合格的摩擦片并能及时进行更换,则可减少机组机舱加速度超限等故障的发生,提高了机组的稳定运行。

注:更换的周期定义为检修周期。

表 4-18　滑环维护记录表

机　位　号	上次维护时间	本次维护时间	下次维护时间
7A01			
7A02			
7A03			
7A04			
7A05			
7A06			
7A07			
7A08			
7A09			
7A10			
7A11			
7B01			
7B02			
7B03			
7B04			
7B05			
7B06			
7B07			
7B08			
7B09			
7B10			

机 位 号	上次维护时间	本次维护时间	下次维护时间
7B11			
7C01			
7C02			
7C03			
7C04			
7C05			
7C06			
7C07			
7C08			
7C09			
7C10			
7C11			

下图为本次检修过程中对现场机组滑环的维护方法及过程,现场其余机组的滑环维护方法均与此方法相同。

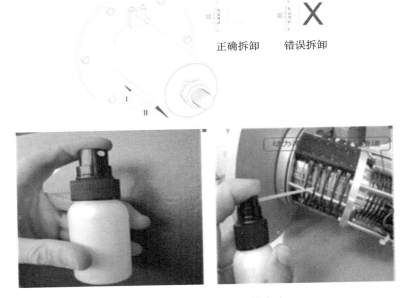

图 4-12　机组滑环的维护方法

十三、检修过程中发现并处理的缺陷及隐患

表 4-19　机组缺陷处理单

序号	机位号	缺陷隐患名称						处 理 结 果
		集油瓶存油多	塔筒灯损坏	电缆护套损坏	散热风扇滤网	缺少集油瓶	自行添加	
1	1#	√						已处理
2	2#		√					
3	3#			√				
4	4#				√			
5	5#					√		X 月 X 日前完成处理
6	6#							

结论:通过检修过程中对发现的机组缺陷的处理,提高了机组稳定运行时间,同时为机组安全稳定运行打下良好的基础。

表 4-20　检修验收及整改措施

序　号	遗留问题	遗留问题原因	整改措施	整改截止时间
1				
2				

表 4-21　机组故障预警处理情况

机位号	故障预警名称	是否处理	处理方法
7A01			
7B10			

十四、检修负责人对检修效果的评价

1. 总体说明

对风电场检修工作人员、时间、要求、主要检修内容、主要参数、检修遗留问题及整改时间等情况的概括说明。

表 4-22　检修遗留问题及整改时间说明表

序号	遗留问题	遗留问题原因	涉及机位号	整改时间	责任人	备注
1						
2						
3						

2. 延期说明

表 4-23　延期说明表

计划开始时间		计划结束时间	
实际开始时间		实际结束时间	
实际偏差量			
偏差原因			

3. 本次检修主要参数检查（所有的关键参数全部列出来，如额定功率值）

表 4-24　主要参数检查单

序号	名　称	检查标准	检查结果
1	主控加热器	调整加热器温度控制开关，观察加热器是否正常工作	
2	变流湿度传感器	检查湿度传感器调节开关是否在正常位置	
3	机舱柜加热器	调整加热器温度控制开关，观察加热器是否正常工作	
…	…	…	

十四、检修综述

　　检修完全执行了《××公司　××机组检修手册》检修标准，并对贵司提出的意见及问题进行了及时处理，详细检修内容见机组全年检修清单。同时感谢贵司在检修期间积极的配合以及提供的帮助，使得我们如期完成了此次检修任务。

　　业主负责人对检修效果的评价：

　客户代表签字/盖章：　　　　　　　　　　　　　××公司代表签字/盖章：

　日期：　　　　　　　　　　　　　　　　　　　日期：

附件1　人员特种作业资质检查

表 4-25　人员特种作业资质检查

姓名	联系方式	特种作业证件名称	特种作业证件有效期	以上检查内容是否合格

电工证	登高证

附件2　检修人员安全培训及检修技术培训

表 4-26　检修人员安全培训及检修技术培训

序号	培训主题	责任人	时间	地点
1	检修安全培训	项目安全员或项目经理	XX-XX	XXX
2	检修技术培训	技术负责人或项目经理	XX-XX	XXX
3	检修实操培训	项目安全员或项目经理	XX-XX	XXX
4	培训考试	项目安全员或项目经理	XX-XX	XXX

附件3　说明(培训扫描件)

略。

附件4 检修工具清单

表 4-27 检修工具清单

计量器具类

序号	名称	规格/型号	单位	数量	说明
1	力矩扳手	世达 20～100 N·m	把	1	变流柜内螺栓紧固
2	力矩扳手	世达 40～340 N·m	把	1	
3	张紧力测量仪	Schmidt	个	1	
4	数字万用表	FLUKE 15B	个	1	
5	塞尺	世达 100(14 片)-09401	把	1	
6	绝缘电阻测试仪	FLUKE 1508	个	1	
7	电子数显卡尺	0～150 mm	个	1	偏航大小齿间隙测量
8	液压扳手	—	套	1	
9	余压表		个	1	
10	力矩倍增器		个	1	

手动工具

序号	名称	规格/型号	单位	数量	说明
1	公制组套工具	世达|58 件套(12.5)	套	1	
2	双开口扳手	世达|13 件套-09029	套	1	
3	活动扳手	世达|12″35 mm	把	1	
4	活动扳手	世达|250 mm-47204	把	1	
5	双头扳手(开口扳手)	世达|50-55	把	1	
6	公制球形内六角扳手	世达|9 件套	套	1	
7	内六角扳手	世达|12-84318	把	1	
8	内六角扳手	世达|14-84320	把	1	
9	内六角扳手	世达|17-84323	把	1	
10	一字型螺钉旋具(平口起子)	世达|3×150	把	1	
11	十字型螺钉旋具(梅花起子)	世达|0♯×150	把	1	
12	T 系列十字型螺丝批	世达|♯2×100 mm	把	1	
13	一字型螺钉旋具(平口起子)	世达|6×150	把	1	
14	一字微型螺丝批	世达|2.0×40 mm	把	1	
15	一字微型螺丝批	世达|2.4×40 mm	把	1	
16	十字型螺钉旋具(梅花起子)	世达|0♯×150	把	1	
17	十字型螺钉旋具(梅花起子)	世达|2♯×150	把	1	

续表

18	双色柄尖嘴钳	世达|70111(6)	把	1	
19	双色柄斜嘴钳	世达|70212(6)	把	1	
20	多孔插板		个	3	
21	望远镜		个	3	叶片检查
22	手持式光源	世达|JW3104S	台	2	叶轮检修使用
23	头灯	—	个	2	
24	油脂加注枪	世达|97202	把	2	发电机油脂及变桨轴承
25	打开工具(操作杆)	世达|4936779 LTN 工装	个	1	滑环维护工具
26	拉马工具	世达|4936779 LTN 工装	个	1	

套筒

序号	名称	规格/型号	单位	数量	说明
1	25 mm 系列六角套筒	世达|55 mm-34843	个	1	
2	25 mm 系列六角套筒	世达|41 mm-34829	个	1	
3	25 mm 系列六角套筒	世达|46 mm-34834	个	1	
4	套筒头(20)	世达|30	个	1	
5	套筒头	世达|70(25)	个	1	塔筒螺栓

其他工具

序号	名称	规格/型号	单位	数量	说明
1	揽风绳	φ10 mm	m	100	
2	大帆布包		个	2	
3	工具包	小-95181	个	2	
4	对讲机	A8	个	2	

附件5　计量工器具检查表

表 4-28　计量工器具检查表

序号	工器具名称	型号	工器具机体编号	鉴定证书中工器具编号	鉴定证书有效日期	鉴定单位

附件6　说明(计量工器具检定证书)

略。

附件 7 安全用品检查

表 4-29 安全用品检查

检查项	检查标准	检查结果	检查标准	检查结果	检查标准	检查结果	检查标准	检查结果	备注
安全帽	安全帽在使用有效期内为合格		没有破裂为合格		下额带完好为合格		带 LA 标识为合格		
安全带	安全带磨损或折断宽度小于带宽的 1/10 为合格		带与带之间连接处未开线为合格		带 LA 标识为合格				
安全绳	安全绳磨损未严重起毛的为合格		绳股断裂宽度小于 1/10 绳宽为合格		缓冲包未开裂的为合格				
防坠器	卡簧、锁片、挂钩、导轨卡槽的橡胶磨损不严重的为合格		定位螺栓未损坏为合格		能够正常打开或使用为合格				
工作鞋	工作鞋为防砸鞋为合格		带 LA 标识为合格						

附件 8 车辆资质审核

表 4-30 车辆资质审核

检查项	检查标准	检查结果	检查标准	检查结果	检查标准	检查结果	备注
司机	C 照司机驾龄在 5 年以上或 A、B 照司机驾龄在 3 年以上为合格		司机驾驶证在有效期内为合格				
车辆	不是 7 座以下微型面包车为合格		车辆行驶总里程未超过 15 万公里为合格		交强险在有效期内为合格		

附件 9　司机资质及车况检查

表 4-31　司机资质及车况检查

车主身份证	
车主身份证正面	车主身份证背面
车辆行驶证	
机动车行驶证	机动车行驶证副页
司机身份证	

续表

司机身份证正面	司机身份证背面
司机驾驶证	
司机驾驶证	司机驾驶证副页
车辆状况	

车辆近照	
车辆安全状况	
车辆后座安全带	车辆安全标识

附件10　根据项目实际情况制订检修计划

略。

附件11　项目现场人员设备的资质审核结果

1. 人员资质检查

表 4-32　人员资质检查表

1、对外来人员特种作业资质及保险单的检查

姓名	年龄（45周岁以下）	联系方式	特种作业证件名称	特种作业证件是否有效期内	人身意外保险单是否在有效期以内	人身意外保险单保额是否在20万以上	以上检查内容是否合格
	21		登高证、电工证	是	是	是	合格
	44		登高证、电工证	是	是	是	合格
	40		登高证、电工证	是	是	是	合格
	38		登高证、电工证	是	是	是	合格

2. 工具检查

表 4-33　工具检查表

2、对计量工器具的检查

序号	工器具名称	型号	工器具机体编号	鉴定证书中工器具编号	鉴定证书有效日期	鉴定单位	以上检查内容是否合格
1	液压钳	MP13BTB	58411	LCLX-15052904	2016.4.19		合格
2	液压扳手	T3	56616	LCLX-15061900	2016.3.22		合格

3. 公司相关资质检查
略。

4. 车辆检查

表 4-34　车辆检查表

检查项	检查标准	检查结果	检查标准	检查结果	检查标准	检查结果	备注
司机	C照司机驾龄在5年以上或A、B照司机驾龄在3年以上为合格	合格	司机驾驶证在有效期内为合格	合格			
车辆	不是7座以下微型面包车为合格	长城皮卡	车辆行驶总里程未超过15万公里为合格	103789公里	交强险在有效期内为合格	强险有效其截止为2016年4月。	

5. 安全防护用品检查

· 113 ·

表 4-35 安全防护用品检查表

检查项	检查标准	检查结果	检查标准	检查结果	检查标准	检查结果	检查标准	检查结果	备注
安全帽	安全帽使用期限有效期内为合格	合格	没有破裂为合格	合格	下颚带完好为合格	合格	带 LA 标识为合格	合格	
安全带	安全带磨损或折断宽度小于带宽的 1/10 为合格	合格	带与带之间连接处未开线为合格	合格	带 LA 标识为合格	合格			
安全绳	安全绳磨损未严重起毛的为合格	合格	绳股断裂宽度小于 1/10 绳宽为合格	合格	缓冲包开裂的未开裂的为合格	合格			
防坠器	卡簧、锁片、挂钩、导轨卡槽的橡胶磨损不严重的为合格	合格	定位螺栓未损坏的为合格	合格	能够正常打开或使用的为合格	合格			
工作鞋	工作鞋为防砸鞋为合格	合格	带 LA 标识为合格	合格					

附件 12　风电场安全培训记录

1. 现场安全培训

填写入场安全培训履历卡。

表 4-36　入场安全教育履历卡

姓名		工号		部门	
文化程度		入职日期		岗位名称	
联系电话		身份证号码			
培训内容				培训情况	
公司级教育	进行安全基本知识、法规、法制教育，主要内容： 1. 本单位安全生产情况及安全生产基本知识； 2. 本单位安全生产规章制度； 3.《安全生产法》相关知识； 4. 相关事故案例分析； 5. 其他相关法律、法规			培训课时	
				培训日期	
				培训人	
				受培训人	
				考核情况：	
部门级教育	进行部门规章制度和遵规守纪教育，主要内容： 1. 本部门各岗位工作环境及危险有害因素； 2. 安全设备设施、个人防护用品的使用和维护； 3. 安全生产状况及管理要求； 4. 预防事故和职业危害的措施及注意事项； 5. 各岗位危险因素辨识； 6. 事故应急救援和现场紧急情况的处置方法			培训课时	
				培训日期	
				培训人	
				受培训人	
				考核情况：	

续表

项目级教育	进行岗位安全操作规程及项目安全制度、纪律教育,主要内容: 1. 本岗位作业特点及安全操作规程; 2. 本岗位安全防护装置及个体防护用品使用; 3. 本岗位易发生事故的不安全因素及防范对策; 4. 本岗位作业环境及使用的机械设备、工具的安全要求; 5. 岗位之间衔接配合的安全注意事项; 6. 项目事故案例教育	培训课时	
		培训日期	
		培训人	
		受培训人	
		考核情况:	

2. 现场安全告知

表 4-37　安全告知卡

作业名称	XXXXX 电作业		
作业对象	电工	危险等级	重大
主要危害因素	1. 人的因素。①冒险心理:疲劳作业、冒险蛮干、电工无证上岗。②操作错误:违章作业,未按操作规程施工(带电作业)。 2. 防护缺陷。未正确使用个人劳动防护用品,未穿绝缘鞋、未佩戴绝缘手套,电气装置防护距离不够。 3. 电伤害。人员触及带电部位裸露、漏电造成的触电伤害		
易发生事故类型	触电		
岗位操作注意事项	1. 电工必须经省级建设行政主管部门考核合格,取得建筑施工特种作业人员操作证书,方可上岗; 2. 所有绝缘、检查工具应妥善保管,严禁他用,并定期检查、校验; 3. 线路上禁止带负荷接电,并禁止带电操作; 4. 电气设备的金属外壳必须保护接零; 5. 配电箱防护棚内基础设置绝缘垫		
需穿戴的劳动防护用品	安全帽、绝缘手套、绝缘鞋等		
应急处置措施	1. 当事故发生时,立刻向项目安全总监或现场负责人报告事故情况并立即抢救伤员; 2. 对危险区域人员应紧急疏散、严禁围观,防止二次事故发生; 3. 发现触电事故后首先关掉电源,使用绝缘物把带电体与触电人分离; 4. 对受伤昏迷者,在情况允许下先采取人工呼吸,如无反应可采取心肺复苏方法进行抢救,以等待专业医生救治。 电话报告:　　　　安全管理人员:　　　　主要负责人:		

安全警示标识			
告知人:(签名)		接受人:(签名)	

附件 13　入场安全作业告知卡

1. 测量绝缘电阻

绝缘测试只能在不通电的电路上进行。要测量绝缘电阻,请先设定测试仪并遵照下列步骤操作:

(1) 将测试探头插入 V 和 COM(公共)输入端子。

(2) 将旋转开关转至所需要的测试电压。

(3) 按住"TEST"测试按钮开始测试。辅显示位置上显示被测电路上所施加的测试电压。主显示位置上显示高压符号,并以 GΩ 为单位显示电阻。

(4) 测量完毕后继续将探头留在测试点上,然后释放"TEST"测试按钮。被测电路即开始通过测试仪放电。主显示位置显示电阻读数,直到开始新的测试或者选择了不同功能或量程。

2. 发电机绝缘电阻值测量方法

(1) 绝缘电阻测试仪选用 1000 V 挡位,操作方法按测试仪使用说明及数据表格进行测试、记录。

(2) 发电机有两套绕组(称绕组 1 和绕组 2),正常情况下绕组 1 的三相相通、绕组 2 的三相相通,而每套绕组对地及绕组间不通。

(3) 绕组对地绝缘:测试每套绕组中任意一相的一根电缆对地即可,无需测试每套绕组的每一相对地(属重复测试)。

(4) 绕组间绝缘:选取绕组 1 中任意一相的一根电缆与绕组 2 中任意一相的一根电缆,测试两者间的绝缘电阻。

注:为确保测试的是发电机自身的绝缘电阻,测试前应将发电机出线与所有关联器件断开,测试发电机出线侧的绝缘电阻。不同机型、同机型的不同配置,断开的器件不同,需电控部门提供。

本次检修过程中对 33 台机组发电机的绝缘电阻值测量均采用以上测量方法。

附件 14　发电机后轴承间隙测量方法

1. 发电机后轴承间隙测量方法

（1）用干净的布将塞尺测量表面擦拭干净，不能在塞尺沾有油污或金属屑末的情况下进行测量，否则将影响测量结果的准确性。

（2）将塞尺插入被测间隙中，来回拉动塞尺，感到稍有阻力，说明该间隙值接近塞尺上所标出的数值；如果拉动时阻力过大或过小，则说明该间隙值小于或大于塞尺上所标出的数值。

（3）进行间隙的测量和调整时，先选择符合间隙规定的塞尺插入被测间隙中，然后一边调整，一边拉动塞尺，直到感觉稍有阻力时拧紧锁紧螺母，此时塞尺所标出的数值即为被测间隙值。

2. 现场实际测量过程

下图为本次检修过程中对现场 33 台机组发电机后轴承间隙测量的方法及过程，现场其余机组的发电机后轴承间隙测量方法均与此方法一致。

图 4-13　现场实际测量过程

附件 15　皮带频率测试方法

皮带只有在静止的状态下才能测量，轻敲安装好的绷紧的皮带使它以自然频率振动，这时测量探头就可以用脉冲光检测到静态自然频率，要小心确保脉冲光在皮带上的反射强度，测量值以 Hz 为单位显示，不需要输入皮带质量和长度。

测量探头大约对准皮带的中间位置，距离皮带 3～20 mm。

当仪表发出滴滴声且显示屏末尾行指示"process busy"时，表示测试成功。

测量结果以 Hz 为单位显示在屏幕上。

注：在多次测量中测量结果会在±10% 范围内波动，这不是由于测量误差和测量错误引起的，大多数情况下，是由于驱动系统的机械公差造成的。

第四节　日常巡检

一、主要工作内容

项目对机组必须每3个月巡检一次,并且保证2人一起巡检,在中控室办理工作票后方可开展巡检工作。

(1)巡检时,必须遵守《风电场安全工作规范》中的规定。必须手持巡检工单或终端设备,按照要求逐项进行检查,并记录检查结果;对风电机组主要部件进行巡查,如偏航系统、主轴、叶片、变桨系统,保证机组处于最佳运行状态。

(2)巡检中发现缺陷,应填写《缺陷统计跟踪表》,而不影响运行的小缺陷,在没带专用工具的情况下可在下次巡检时进行处理;影响运行的缺陷应立即处理;需要采取防范措施的缺陷,做好防范措施。

(3)巡检机组前,翻阅以前的《缺陷统计跟踪表》查看该机组有无缺陷;若有,则携带处理该缺陷的工具及备品备件进行处理。

(4)巡检完毕,巡检人员签字确认后归档,并扫描上传到 edoc 系统。

二、关键点控制

表 4-38　日常巡检关键点控制表

工作内容	关键点控制	把控措施
巡检准备	《缺陷统计跟踪表》问题梳理	1. 巡检之前要对前一次的巡检记录进行查阅,有针对性地准备物资和工器具; 2. 季节性、预防性巡检要编制巡检方案,严格按照标准执行
过程记录	巡检问题处理流程	巡检中发现缺陷,应填写《缺陷统计跟踪表》,不影响运行的小缺陷,在没带专用工具的情况下可在下次巡检时进行处理;影响运行的缺陷应立即处理;需要采取防范措施的缺陷,做好防范措施
问题记录与跟踪处理	巡检问题准确记录并由专人负责处理	针对巡检发现未处理的问题,专人记录并由全员共享

三、预防性维护

1. 日常预防性维护

对机组运行数据进行分析,得出需重点关注的机组并进行预防性巡检维护,每上一台风机开展多种工作,将故障消灭在萌芽状态。后续对维护效果进行验证,同时不断地总结提高。

1) 机组运行数据分析

项目对本月机组运行数据进行分析,建立项目运行指标分析及方案处置表。其中主要分析机组本月报出故障的种类,并且针对排故时间较长的机组进行原因分析,并制定相应的处理方案。针对本月频繁报出的故障制定相应的标准处理方案,同时针对处理方案制定出相应的安全注意事项,并将此类机组列入下月精维护机组。项目技术负责人组织大家学习,熟练掌握故障处理方法,缩短后期报出此类故障的排故时长,提高机组可利用率。

表 4-39　风电公司运行维护指标控制表

所属部门		运维服务管理中心——运维服务部		权重	期间	
部门负责人						
序号	考核项目	绩效考核指标	指标定义		数据来源	完成情况
1	费用管控	固定成本	计划成本—A 实际成本—B 费用分数—M 得分—X	35%	财务融资部	
		临时成本	计划成本—A 实际成本—B 费用分数—M 得分—X		财务融资部	
2	运维质量	严格按照合同条款作业	不合格指标数—D 条款分数—M 得分—X	25%	运维服务部	
3	内部运营	工程确认单或付款资料	延迟提交次数—E 资料错误次数—F 费用分数—M 得分—X	10%	运维服务部	
		安全及执行力	单次扣分—I 扣分次数—J 执行力分数—M 得分—X	10%	运维服务部、质量安全部	

续表

所属部门		运维服务管理中心——运维服务部		权重	期间	
部门负责人						
序号	考核项目	绩效考核指标	指标定义		数据来源	完成情况
4	团队培养	培训考评	单次扣分—I 扣分次数—J 招聘培训分数—M 得分—X	10%	工程技术部	
		离职率	目标离职控制率—O 实际离职率—P 离职率分数—M 得分—X	10%	人力资源部	
合计				100%		
附加项		督办事项、临时重点工作、客户投诉、客户表扬、重大贡献等，作为加减分项目，分数在1～10分（特别规定的除外） （附加项是在基础分100分的基础上进行加减）			总经理办公室、人力资源部	

2）精维护机组

机组精维护包括机组项目预防性故障 TOP5、预警 TOP50 和预检。根据上月对机组运行指标的分析，制定本月精维护机组。项目信息员对精维护机组展板进行更新，并安排负责人对精维护机组各项进行排查，对已排查项用"已完成"标记，对未完成项用"计划"标记，并且后续根据效果验证对展板进行评估。

项目信息员根据项目沉淀的数据填写机组预防性排查单。当机组在巡检或检修时，填写机组缺陷预防性项目，由维护员对机组进行预防性处理。人员对机组进行维护时，要求上风机后将本台风机能做的预防性排查一次全部做完，减少攀爬风机的次数，对机组排查单上所要求的各项进行逐一检查，发现不合格项及时整改，避免故障的发生。故障处理单一式两份，一份存档，一份由维护人员随身携带至风机，最后本表由项目信息员进行统一存档。

表 4-40　机组预防性排查单

风机号	排查原因	排查人	处理人	更换的备件	启机时间	停机小时累计

新疆哈密苦水第三龙源项目巡检/半年/全年检修故障处理单

机组号		时间		责任人	
技改类	☐变频器参数修改 ☐塔筒灯改造		☐机舱灯改造 ☐其他		
TOP5故障预防	☐风向标故障 ☐液压泵无反馈 ☐有功功率高		☐三个叶片角度偏差大 ☐口左/右偏航反馈丢失		
机组消缺项目检查	☐塔底轴流风机接线盒是否缺螺栓 ☐主控柜内网线布局是否符合要求 ☐185电缆是否下滑 ☐T型挡块是否安装 ☐机舱灯工作是否正常		☐IGBT柜门是否缺螺栓 ☐主控灯工作是否正常 ☐变桨轴承是否漏油 ☐雷电技术卡、外壳是否完好		
机组遗留缺陷					
备注					

注馈：1. 根据TOP5故障处理标准，对需检查项认真检查，发现问题及时处理并反馈。
　　　2. 责任人必须根据现场实际情况认真填写。
　　　3. 工作完成后及时将处理单反馈信息员进行机组信息档案统计。
　　　4. 本表一式两份，一份巡检人员留存、一份信息员留存。

图 4-14　机组排查单

3）维护效果验证

维护效果验证是精维护工作的重点之一，图中黑色部分为在滑环维护后机组又报出故障的时间点，根据验证效果的反馈，可以修正次月维护重点，同时调整维护工作的方向。本表可以反映出现场维护人员技术水平，后期有针对性地对人员技术水平进行培训，从而提高人员技术水平，降低故障处理时间，提高机组可利用率。

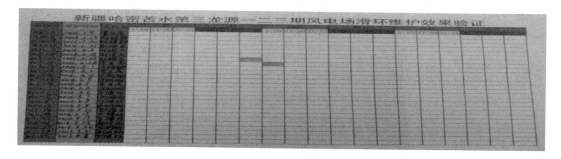

图 4-15　滑环维护效果验证

四、季节性预防排查

通过制定 3W+1H 的工作安排流程，保证各项工作有条不紊开展，提高工作效率。

春季预防性排查工作安排采用工作计划安排的四大要素（What、How、Who、When）进行前期分析。

1. What（工作内容——工作目标、任务）

由于风电场春季空气湿度大，雨雾天气多，甚至会出现打雷天气，对机组运行稳定性影响较大。华南事业部技术团队根据项目机组配置,结合机组同期历史数据和历时故障加以分析,将春季影响机组稳定运行的主要因素(风况、雷电、冻雨、温度、湿度、密封等)综合考虑,分析并列出重点关注项,供项目在春季机组维护中参考,以减少春季机组运行故障频次和故障处理时间,提高机组可利用率及发电量。保障机组在春季大风期间运行稳定,提高客户发电效益。重点关注项为《某公司1.5 MW机组春季预防性检查项》检查清单。

2. How(工作方法——采取措施、策略)

对不可控因素进行具体分析如下。

表4-41 不可控因素的分析

难点	难点描述	采取措施	资源需求
大风天气			
雷雨天气			
道路拥堵			
车辆故障			

3. Who(工作分工——工作负责)

梳理整个春季预防性排查工作所有环节,包括春季预防性排查清单培训、安全注意事项培训、安全隐患及预防措施预先讨论、质量隐患及预防措施预先讨论、明确工具选择、工单的建立、安全质量站班、值班室开工作票、工作票的唱票、劳保用品和工器具的检查、正常的春季预防性排查步骤、工作票的完结、工单的完结、定期排查总结、春节预防性排查反馈、单台机组维护性记录填写等。

表 4-42 具体分工表

工 序	工作分工内容	工 作 负 责	监 督 人
1	春季预防性排查清单培训(确认目标和任务)		
2	安全注意事项培训		
3	安全隐患及预防措施预先讨论		
4	质量隐患及预防措施预先讨论		
5	明确工具选择		
6	工单的建立		
7	安全质量站班		
8	值班室开工作票		
9	工作票的唱票		
10	劳保用品和工器具的检查		
11	正常的春季预防性排查步骤		
12	工作票的完结		
13	工单的完结		
14	定期排查总结		
15	春节预防性排查反馈		
16	单台机组维护性记录填写		
17	春季预防性排查整体总结		

4. When(工作进度——完成期限)

对全场 33 台机组春季预防性排查最迟时间为 2016 年 4 月 30 日,偏差不超过 5 天。

5. 春季预防性排查工作用到的表单

春季预防性排查工作用到的表单可参见《某公司 1.5 MW 机组春季预防性检查项》。

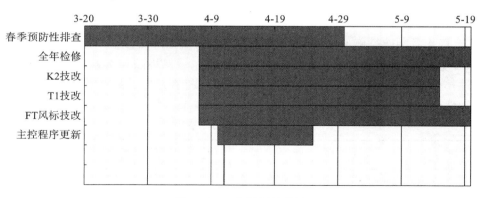

图 4-16　工作计划甘特图

五、机组电缆烧损预防

为了避免机组电缆烧损,建议在铜接线端子处和铜连接管处粘贴电缆测温条。这样现场人员就能够在检修、巡检、处理故障期间观察机组铜接线端子处和铜连接管处经历的最高温度,当温度有异常时及时更换铜接线端子和铜连接管,避免更换电缆或者开关柜所造成的损失。

1. 测温条数量(以某公司 2.5 MW 机组为例)

2.5 MW 机组的铜接线端子和铜连接管总计为 114 个,如果全部粘贴电缆测温条会使成本提高,而且从发生过的案例看,基本都是开关柜铜接线端子或者塔筒中部铜连接管处烧损,DU/DT 和变流柜处未发现烧损过,所以本次粘贴只是在开关柜和塔筒中部粘贴,总计需要 48 个测温条。

2. 测温条选用

本次粘贴选用的测温条为 Thermax 进口测温纸,该测温条的准确度:100 ℃ 以下是 ±1 ℃;100 ℃ 以上是±1%量程,产品规格符合 BS EN ISO 9001 标准,能够适用于本次试验。Thermax(TMC)8 格测温纸采用温度测量的新概念,在小型贴纸上布有一列方格,代表不同的温度值,当温度上升至该温度点时,方格会转变成黑色,即使随后温度降低,亦不会再恢复到原来的颜色,如此便可以知道物体曾经历过的最高温度,不需长时间在旁监视就可以知道是否有超温现象。

XX 年 X 月 X 日,对 XX 项目 XX 机组进行了测温条粘贴,XX 机组为项目标杆机组,处于长期运行状态且不限功率。在粘贴前机组运行状态:停机前风速 10 m/s 左右,功率 1800 kW 左右,停机后立即登机测量电缆温度,开关柜进线电缆温度(靠近 PG 锁母处)、进线铜接线端子温度、出线铜接线端子温度和出线电缆温度(靠近 PG 锁母处)大致相同,在 46 ℃ 左右。

现场能够在机组检修、巡检、处理故障期间观察机组铜接线端子处和铜连接管处的温度,可以将该项检查加入检修和巡检检查项内,当测温条的温度达到 90 ℃ 时,必须停机拆除

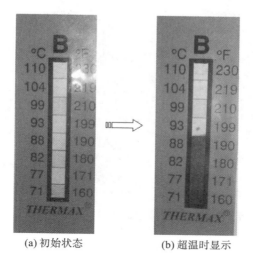

(a) 初始状态　　　　(b) 超温时显示

图 4-17　测温

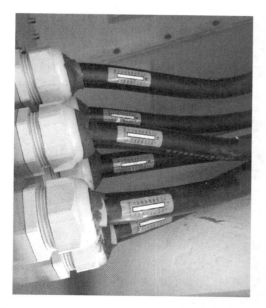

图 4-18　开关柜进线处（如将测温条粘贴到铜接线端子上，在后期观察时不方便，且两处的温度都基本一致，所以粘贴位置为靠近 PG 锁母处）

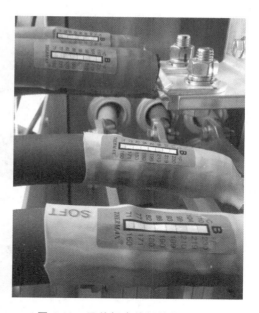

图 4-19　开关柜出线铜接线端子处

热缩套和胶带检查接线端子和连接管，有问题时及时更换，重新压接，避免造成更大的损失。在此次方案中采用的测温条不是阻燃性材料（未查到有阻燃性能的测温条，但目前现场已有针对测温条不阻燃问题的处理方案，正在做测试）。

变色测温条在机组粘贴使用一周后的效果：

图 4-20　塔筒内铜连接管处

图 4-21　所粘贴的测温条都需要用胶带加固处理,以防掉落

图 4-22　发电机开关柜出线最低温度 71 ℃,最高温度 77 ℃

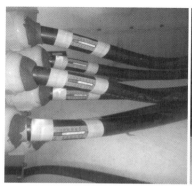
图 4-23　发电机开关柜进线最低温度 77 ℃,最高温度 82 ℃

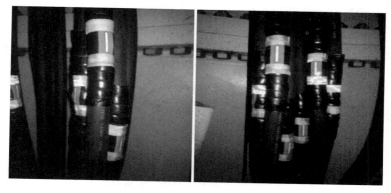

图 4-24　电缆中间铜连接管部位测温条没有变化，温度未达到 70 ℃

第五节　技术优化升级

一、主要工作内容

技术优化升级指以保障机组正常运行、提高机组安全性、解决重大机组故障消缺、整机性能的重大变更等为目的，在机组上进行的机械、电气、程序上的改动。新技术、新材料应用以及技术进步，产品质量问题、零部件质量问题均可能引发技改或者项目现场特殊需求、业主特殊需求以及由于特殊地方政策而产生的特殊需求。项目工作内容有：

（1）项目现场负责技改物资的发货申请、技改物资的检验和签收工作。

（2）项目现场根据技改任务书要求、人员及物资到货情况，编制技改计划和实施方案，上报事业部。

（3）技改前，召开工作会议，全面梳理技改方案、技改内容和工作安排，确保技改质量。

（4）技改负责人负责监督小组成员工作质量，确保机组技改严格按照技改作业指导书要求的标准执行。

（5）首台机组技改结束后，现场应对技改技术规范及质量验收，确认符合规定要求后方可继续进行技改工作。

（6）事业部要对技改过的机组进行抽查，对技改中存在的质量问题及时纠正，并保留检查记录。

（7）负责对厂家人员技改工作的安全、质量、进度监督和管控。外包方进场后，根据《服务外包方入场检查单》对施工人员和设备的资质进行审核，并符合《劳动防护用品管理制度》《特种作业人员管理制度》。

（8）现场在接到任务书后，根据任务书要求，每月第 1 周编制完成《技改周计划和周进度申报》，上报事业部。特殊情况下，根据售后管理部要求的时间节点编制和提交《技改周计划和周进度申报》。每周五之前将本周技改进度上报至售后管理部。

二、关键点控制

表 4-43　技术优化升级关键点控制表

工 作 内 容	关键点控制	把 控 措 施
技术交底	技改技术交底与培训	参加技改的人员应组织学习下发的技改任务书，并做好培训记录
技改作业	作业流程控制	1. 技改人员应严格按照技改任务书进行作业，严禁私自改变技改作业标准； 2. 首台机组技改作业完毕后，项目现场应进行技改工作技术规范及质量验收，经验收确认符合规定要求后方可继续进行技改工作
技改记录	技改过程记录	每台机组技改结束后应做好相关记录，记录信息应包含技改操作人员、技改日期、备件消耗及工作完成情况
技改效果验证	效果验证	技改完成后，要对技改效果进行评估，评估过程要量化，评估结果与预计效果存在偏差的要及时反馈给技术部门

第六节　大部件更换

一、主要工作内容

（1）项目经理作为现场第一责任人，是现场大部件更换工作的主导者。

（2）大部件损坏后，按照快速响应流程及时上报，登录服务请求，并将《现场大部件更换信息确认单》上传。

（3）及时跟踪、督促公司排出相应的更换计划。

（4）接到公司更换计划后及时与业主沟通，将客户意见及时反馈公司。

（5）按时将大部件更换日报报送至工作任务书中要求的报送日报的人员。

（6）配合运输单位路勘。更换计划敲定后，联系运输单位进行道路勘察，保证大部件可以正常地入场和出场。

（7）及时与安装单位沟通。安装单位与我方一起进行道路勘察（道路及机位），根据勘察报告，与吊装方共同协调现场征地、修路、场地平整、牵引等工作，对涉及费用问题，与现场相关人员交涉后，进行预估。将预估结果通过即时通或邮件形式反馈公司相关领导，相关领导确认无误后,编制呈报,吊装方签字确认后,作为附件进行电子呈报流程。

(8)大部件调度负责标准件、吊具、台车等物资及时到场。

(9)施工前检查吊装方的《施工组织计划书》,并提交事业部、质量安全主管部门、业主审核。

(10)检查吊装方资质,进场主吊、辅吊、车辆行驶证、车辆年检合格证、人员操作证、电工(电工证)、起重工(操作证)、登高工(登高证)、人员的保险单、吊车的保险单,现场根据相关方管理制度对相关资质存档,如现场发现证件不全或过期,不准许吊装方开工,并电话告知资源保障相关部门、售后管理部,通过邮件发送至相关人员。

(11)吊装方人员进场后,项目须联合业主对吊装方人员进行安全培训,并进行安全交底、技术交底,形成记录项目存档。

人员培训结束后开展吊车组装工作,组装完成后进行静载和动载试验。

(12)检查吊具的检验合格证。检查吊具外观,并复核检验合格证,如果吊具没有检验合格证或合格证过期,必须停工,并电话告知监控部、售后管理部,同时以邮件、即时通方式通知日报需要发送人员,确保吊具合格后才能开工,吊具检查记录需报备安全管理人员。

(13)严格执行安全规程,控制施工条件,在大风和雷雨天气或有安全风险时,绝对不允许吊装。

(14)在吊装开始前,填写施工资质审核表,吊装完成后,签收合同验收单,全程把控吊装质量。

(15)如果在整个吊装过程中,项目现场发现吊装有违规现象,经劝阻无效后,可以要求吊装单位停工、整改。现场人员对施工单位违规现场拍照留证,在合同验收单中明确,并附相关照片,同时以邮件方式及时通知事业部、资源保障相关人员,作为对吊装单位的罚款依据。

(16)现场大部件更换完毕,与吊装方签订《机组大部件更换合同工作验收单》,还要与业主签订《大部件更换确认单》,并提交事业部存档。

(17)机组恢复运行 500 小时后,对更换部件按照对应的大部件更换检修标准检修。

(18)项目大部件更换涉及的全部资料及时上传公司 edoc 系统。

(19)提供某公司内部适当的报告和文件,协助业主进行保险索赔。

二、关键点控制

表 4-44　大部件更换关键点控制表

工 作 内 容	关键点控制	把 控 措 施
方案编制与审核	大部件更换方案	大部件更换前,项目现场应编制大部件更换作业方案,经上级部门审核批准后方可进行大部件更换作业
吊装方资质审核	资质审核	项目现场应检查安装外包方吊车检验合格证、司机特种操作证、起重指挥人员的特种操作证等,符合相应要求后方可开始工作

工作内容	关键点控制	把控措施
大部件更换过程管控	作业实施管控	1. 进行大部件更换前,项目现场召开安装沟通会,与业主、安装外包方人员充分沟通,人员分工明确,责任到人,并做好相应的记录; 2. 项目现场应安排人员进行大部件更换安装过程的全程监督检查,如发现不符合要求时应立即叫停,经整改后方可继续作业; 3. 大部件更换过程中风力发电机组的操作由项目人员操作,严禁安装外包人员操作; 4. 当安装完毕后,项目人员与安装方进行验收,符合要求方可恢复机组运行
大部件更换验收	大部件更换验收	大部件更换结束后,要按照机组吊装验收指导手册内容进行全面验收,不符合项要及时整改
大部件更换记录	更换记录	1. 需存档的记录有《设备到场检验单》《主要零部件更换记录》《返厂设备签字确认单》; 2. 设备更换完成恢复运行后,需要在 Oracle 系统做好大部件发出与退回相关工作

第七节　最终交接

一、主要工作内容

最终交接验收是指在质量保证期满,供货机组达到合同中所规定的性能指标后,买方进行的验收。验收合格后,买方将向卖方签署最终验收证书。

出质保期消缺工作:消缺工作应在出质保期启动前完成,将未能处理的机组缺陷按照《风力发电机组质保验收机组缺陷记录》进行汇总,并在质保期结束前完成项目自检的消缺工作,对于重大技术及质量问题,双方根据实际情况约定处理时间。

1. 出质保期验收启动

(1) 在《风力发电机组质保期工作报告》审核通过后,由事业部根据项目实际完成情况于质保期结束前 3 个月致客户《风力发电机组最终启动函》,启动出质保验收工作,并附带《风力发电机组最终验收申请单》。对于部件和整机的质保期不一致的情况(分批次出质保、部件更换后延长质保期等),需要在风电机组最终验收申请单中注明。

(2) 客户方确认风力发电机组的设备情况等已满足出质保验收条件后,在《风力发电机组最终验收申请单》上确认签字,该批次风力发电机组进入出质保期验收程序。

(3) 由事业部提交《风力发电机组质保期工作报告》,并组织客户召开最终验收启动会。

2. 出质保期前验收

（1）与客户共同对风力发电机组运行状况、合同相关条款的执行情况（包括但不限于文件资料、机组定检、技术指导、技术培训、工器具、备品备件、机组检测、机组性能指标等）进行出质保前验收，事业部负责协调。

（2）检查内容以《风力发电机组最终交接验收标准》所规定的内容和项目为主要依据。

（3）测试部分：依据《风力发电机组最终交接验收标准》的要求对风力发电机组进行各系统测试，对测试中发现的不合格项，提出合理处理意见。

（4）出质保验收结束后，若验收合格，双方在每台风力发电机组的"发电机组最终验收检验单"上确认签字；若验收不合格，则根据具体情况采取整改后再验收、退出质保、延长质保等相应措施。

3. 出质保的相关报告文件

对于我方出具的检查和检测报告，应具有我方和客户方的签字；对于由第三方完成的验收项目所出具的验收报告，应加盖第三方的单位公章。

4. 出质保验收评审会

事业部组织召开风力发电机组最终验收评审会，验收评审会主要有以下几点内容：

（1）向客户汇报关于风力发电机组最终验收的结果。

（2）双方共同明确最终验收处理意见。

（3）我方和客户双方代表办理完《风力发电机组最终验收证书》手续后，由售后管理部在系统上进行申请盖章审批手续。

（4）盖章审批流程通过后，售后管理部向运营中心通报，并于 20 个工作日内，由运营中心将相关信息通报有关单位，最终验收结束。

二、关键点控制

表 4-45 最终交接关键点控制表

工作内容	关键点控制	把控措施
出质保期准备工作	1. 机组出质保期消缺； 2. 合同履约情况及交付文件准备	1. 消缺工作应在出质保期启动前完成，将未能处理的机组缺陷按照《风力发电机组质保验收机组缺陷记录》进行汇总，并在质保期结束前完成项目自检的消缺工作，对于重大技术及质量问题，双方根据实际情况约定处理时间； 2. 在机组验收前，需要对客户出质保流程和验收标准进行梳理，按要求准备交付文件，并与客户进行确认
出质保期验收启动及实施	验收启动及节点工作	1. 质保期结束前 6 个月，项目要完成自检消缺工作； 2. 质保期结束前 3 个月，完成质保期工作报告提交与汇报，致函客户启动出质保收工作； 3. 质保期结束前 2 个月，完成最后一次检修，对客户提出的问题进行进一步整改，完成资料、耗品、备件等的交付工作
机组退出质保交付	谈判、验收、签字	1. 质保期结束前 1 个月，单台机组的验收工作双方签字确认； 2. 与客户方的最终谈判，并签署《风电机组最终验收证书》

第八节 机组指标数据

提升机组指标上传数据的真实性,避免数据上传后出现异常反复重新上传。

一、风电场运行指标解释

表 4-46 风电场运行指标

主控目标	分解目标	目标标准	指标定义及说明
1	低效项目个数	0	定义标准:平均可利用率低于98%,或 MTBF 低于 240 h。 根据低效风电场可利用率和故障频次两个特征,可以分为三类低效风电场:
2	可利用率 / 低效机组台数	13	可利用率低于98%的机组,需以以下纬度分析反馈:
3	机组可利用率	99%	1. 当定期维护小时数小于或等于 48 小时:风机可利用率=(统计期间小时数-风机故障小时数)/统计期间小时数×100%; 2. 当定期维护小时数大于 48 小时:风机可利用率=(统计期间小时数-风机故障小时数-定期维护小时数+48)/统计期间小时数×100%; 3. 年度平均可利用率=1月到12月加权平均×100%; 4. 包括 2.0 机组、2.5 机组的可利用率

表 4-46 第1行内嵌表格:

序号	情况一	情况二	问题程度
1	可利用率小于98%	故障频次大于3	严重
2	可利用率大于98%	故障频次大于3	一般
3	可利用率小于98%	故障频次小于3	一般

表 4-46 第2行内嵌表格:

可利用率	风机名称	责任人	现场故障原因简述	故障原因分类	故障时间占比	消耗备件名称
是否为批量问题	涉及的台数	项目同类问题处理进度	问题处理进度	2016 年预防、整改计划和措施	需求资源	预计处理完毕时间

续表

主控目标	分解目标	目标标准	指标定义及说明
4 故障频次	机组平均故障发生频次	≤1.9次	1. 已运行的机组随着 2016 年质量"三全"任务及年度重点任务的实施，故障频次按逐步下降的方式制定目标值（以季度为周期），第一季度 2.2 次/（月·台），第二季度 1.9 次/（月·台），第三季度 1.5 次/（月·台），第四季度1.3次/（月·台）； 2. 权重为 0 的项，依据实际机组运行情况进行监控，若出现连续两个月未达标，则成为扣分项
5 排故耗时	机组平均故障排除时间	≤7.5 h	1. 计算公式：平均排除故障耗时＝统计周期内故障总时间（h）/统计周期内故障总次数（次）； 2. 统计有效故障：(a)去除电网故障；(b)去除可复位故障；(c)去除造成大部件更换的故障；(d)去除没有维护时间的故障

指标定义及说明是项目具体指标的算法，从指标计算方法入手，使用逆向思维来投入资源优化机组运行指标，是指标提升最有效的方法，也是指标提升的重要思路之一。

二、指标上传

1. 上传范围

（1）调试完成一个月（事业部计划专责报给工程建设部为准）至最终交接证书提交 1 个月且现场人员全部离场；

（2）现场第一批预验收证书签完（以事业部计划专责报给工程技术部为准）至最终交接证书提交 1 个月且现场人员全部离场；

（3）质保外代维项目至合同结束且现场人员全部离场。

以上三个条件满足一个就必须上传。

2. 上传方法

（1）项目自备 2 GB 左右的 U 盘一个，并格式化完毕。

（2）进入 https://svn. windinfo. net/quotatool 下载指标工具软件。

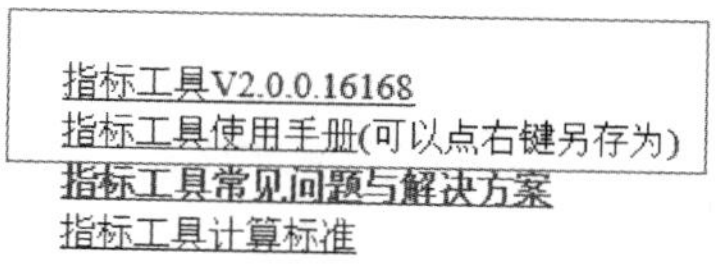

指标工具V2.0.0.16168
指标工具使用手册(可以点右键另存为)
指标工具常见问题与解决方案
指标工具计算标准

图 4-25　指标工具软件

（3）使用《指标工具使用手册》或登录基础信息平台 http://kf. goldwind. com. cn→指标数据→指标教程，依据录屏教程配置指标工具和熟悉上传方法。

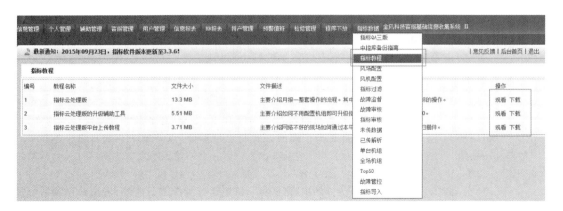

图 4-26　基础信息平台

注意:符合上传条件的项目需提前准备 U 盘,并申请项目在基础信息平台上线。

3. 上传注意事项

(1)依据《风力发电机组运行数据统计范围修正原则》,对可利用率修正,并对可利用率不达标机组进行原因分析。

表 4-47　风力发电机组运行数据统计范围修整原则 1

<table>
<tr><td colspan="9" style="text-align:center">风力发电机组运行数据统计范围修正原则</td></tr>
<tr><td rowspan="2">序号</td><td rowspan="2">问题分类</td><td rowspan="2">二级分类</td><td rowspan="2">示例</td><td colspan="3">是否修正</td><td rowspan="2">对应编号</td><td rowspan="2">解释</td></tr>
<tr><td>故障频次</td><td>平均排除故障耗时1</td><td>机组可利用率</td></tr>
<tr><td></td><td>零部件质量问题</td><td>减速器漏油、制动器质量问题 压力继电器质量问题</td><td>否</td><td>否</td><td>否</td><td>84/118/126/127 /152/161</td><td>零部件缺陷导致机组不能在环境条件允许时执行其规定的功能,属于机组故障,不</td></tr>
</table>

(2)可利用率修正参考风电场指标解释中的可利用率计算方法,根据实际情况进行计算,将计算所得的修正值正确填写,并与业主沟通。

(3)可利用率不达标机组反馈原因需简明扼要,原因描述需详细。

表 4-48　故障原因描述

风机名称	故障时间/h	业主签字确认可利用率/(%)	联系人	故障原因简述
♯2	67.07	90.68		1. 4 月 21 日 9:30 机组报出液压泵反馈丢失故障,更换压力继电器机组恢复正常,服务请求 ID:654321; 2. 4 月 22 日 15:22 机组报出发电机转速比故障,风速 20 m/s,截止 22:00,风速仍大于 16 m/s,23 日雷雨,风速依旧大于 15 m/s,24 日调整接近开关机组恢复正常运行,累计停机 35 h; 3. 5 月 10 日 11:00 业主线路跳闸,机组报变桨逆变器反馈丢失故障,15:00 业主线路上电,检查发现机组 NG5 损坏,次日备件到场,更换后机组恢复正常运行,累计停机 23 h,备件等待时间为 19 h,服务请求 ID:123456。 注:累计停机时间 65 h(三次故障累计停机时间总和)

注意：依据《关于漏报、瞒报、谎报机组运行数据的通知》，要求数据真实准确，不能按时上传数据的需提前反馈原因，反馈节点为双周三或月度 23 日中午 12 点。

表 4-49 未上传数据原因反馈模板

三、指标反馈

1. 故障反馈

（1）指标上传成功后，每隔 6 h 后台解析一次，解析时间为 0 点、6 点、12 点、18 点，在这些节点前上传数据的，可在这些节点后查询是否上传成功，并在线反馈故障原因。

（2）反馈路径为：基础信息平台→信息管理→指标→编辑。

图 4-27 故障反馈路径

（3）依据《风力发电机组运行数据统计范围修正原则（参考使用版）》，对故障频次和排故时间可剔除的机组重点反馈。

表 4-50 风力发电机组运行数据统计范围修正原则 2

序号	问题分类	二级分类	示例	是否修正			对应编号	解释
				故障频次	平均排除故障耗时1	机组可利用率		
1	备件类	零部件质量问题	减速器漏油、制动器质量问题、压力继电器质量问题。	否	否	否	84/118/126/127/152/161	零部件缺陷导致机组不能在环境条件允许时执行其规定的功能，属于机组缺陷，不予修正。
		零部件选型问题	断路器低温不吸合现象。	否	否	否	128	零部件选型问题属于机组缺陷，不予修正。
								消耗类备件能量用尽属于正常现象，中此维护的机组状

（4）如业主实施技改造成的指标损失，三项指标均可修正。

表 4-51　风力发电机组运行数据统计范围修正原则 3

风力发电机组运行数据统计范围修正原则							
序号	问题分类	二级分类	示例	是否修正			对应编号	解释
				故障频次	平均排除故障耗时1	机组可利用率		
9	客户类	业主实施技改	业主实施技改，导致机组停机影响机组可利用率	是	是	是	71	业主方要求停机，属非机组缺陷停机、非公司要求停机，予以修正

故障修正方式如下所示，后台根据实际情况，直接剔除该故障，如停机时间超过 7 h，就可降低故障频次和排故时间指标。

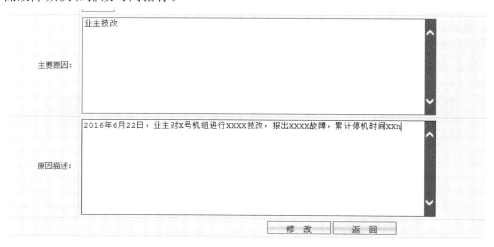

图 4-28　故障修正方式

（5）对于剔除范围以外的故障——非电网故障，分两个维度反馈：时间和故障类型。

图 4-29　非电网故障

时间：大于 7 h 的非电网故障必须反馈给公司技术部，说明故障原因及处理过程。

故障类型：电网原因造成的非电网故障必须反馈，并提交《事业部电网问题导致机组报非电网故障统计表——XX 项目》，争取剔除故障，以达到故障频次指标的降低。

（6）以上工作全部做到位，可减少的报表有《XX-XX 周故障 Top10 原因分析（统计周期 X 月 X 日—X 月 X 日)》《XX 月故障 Top10 原因分析（统计周期 X 月)》《事业部电网问题导致机组报非电网故障统计表——XX 项目》。

2. 低效机组反馈

1）反馈模板

表 4-52 机组故障反馈表

Oracle的项目名称	可利用率	风机名称	责任人	现场故障原因简述	故障原因分类	故障时间占比	消耗备件名称	是否为批量问题	涉及的台数	项目同类问题处理进度	问题处理进度	2016年预防、整改计划和措施	需求资源	预计处理完毕时间

2）注意事项

每台低效机组从 11 个维度分析反馈低效原因，包含故障时间占比、单台机组占全场停机时间占比、处理措施进度以及需协调资源。

四、指标计算

1. 平均可利用率

平均可利用率等于单台可利用率之和除以风机数量（单台机组可利用率从系统中可导出）。

电	发电量(统计时间段) AA	消耗电量(统计时间段) AB	发电时间(统计时间段) AC	故障时间 AD	等效利用小时(h) AE	累计发电时间 AF	系统OK时间 AG	可利用率 AH	业主签字确认可利用率 AI	监控统计可利用率 AJ	可利用率修正原因 AK
	232493	234	506.10	37.65		1202.59	697.31	94.94	94.94	94.94	
	252230	68	608.66	34.73		16261.54	695.65	95.33	95.33	95.33	
	223656	189	503.72	33.93		2112.19	707.26	95.44	95.44	95.44	
	270200	241	625.11	28.59		23814.04	716.01	96.16	96.16	96.16	
	230052		628.58	24.39		32104.45	716.16	96.72	96.72	96.72	
	252754	87	505.27	24.08		1303.37	714.44	96.76	96.76	96.76	
	257920	955	621.42	23.80		32133.77	690.02	96.80	96.80	96.8	
	296890	1067	644.65	23.79		29542.07	720.70	96.80	96.80	96.8	
	216697	387	494.59	23.73		9293.11	670.69	96.95	96.95	96.95	
	364291	1006		20.67			700.77	97.22	97.22	97.22	
	213168	1444	590.15	20.63		34710.76	716.92	97.23	97.23	97.23	
	264389	87	516.14	19.47		1254.22	718.94	97.38	97.38		
	212606	379	491.03	18.59		7883.76	683.61	97.50	97.50		
	304467	1082	574.15	18.45		8814.09	679.96	97.52	97.52		
	186041	898	521.14	17.64		5884.66	582.36	97.63	97.63		
	276460	58	609.50	17.60		22180.73	715.82	97.63	97.63		
	389407	863		16.98			708.86	97.72	97.72		
	356687	670		16.83			704.75	97.74	97.74		
	283250	119	641.97	16.69		26037.66	723.58	97.76	97.76	97.76	
	306783		658.09	16.35		38513.56	721.66	97.80	97.80	97.8	
	263503		662.71	15.73		32588.65	724.99	97.89	97.89	97.89	
	207736	242	617.48	14.74		14654.47	720.57	98.02	98.02	98.02	
	270946		643.86	14.74		39139.20	726.57	98.02	98.02	98.02	
	411107	2234		14.49		95.70	630.53	98.05	98.05	98.05	
	249568	65	519.37	14.40		3911.50	585.94	98.06	98.06	98.06	

平均值: 96.85944444　　计数: 18　　求和: 1743.47

图 4-30　平均可利用率

2. 故障频次

故障频次等于整个风场每月故障之和除以机组数量(故障中不包含业主原因及电网原因引起的故障)。

故障描述(英文 F	故障开始时间 G	故障截至时间 H	故障维护时间 I	停机小时数 J	是否更换备件 K	主原因 L	原因描述 M	监控确认是否有 N	故障状态 O	故障状态修正 P	报告 Q
	2016-05-2	2016-05-2	2016-05-2	5.53	未换		升序(S)			非电网故障	未过滤	月报
	2016-06-0	2016-06-0	2016-06-0	2.57	未换		降序(O)			非电网故障	未过滤	月报
	2016-05-2	2016-05-2	2016-05-2	15.49	未换					非电网故障	未过滤	月报
	2016-05-3	2016-05-3	2016-05-3	8.79	未换		按颜色排序(T)			电网故障	未过滤	月报
	2016-06-1	2016-06-1	2016-06-1	0.53	未换					非电网故障	未过滤	月报
	2016-06-0	2016-06-0	2016-06-0	5.29	未换		从"故障状态"中清除筛选(C)			非电网故障	未过滤	月报
	2016-06-1	2016-06-1		1.51	未换					非电网故障	未过滤	月报
	2016-05-3	2016-05-3	2016-05-3	0.94	未换		按颜色筛选(I)			非电网故障	未过滤	月报
	2016-06-0	2016-06-0		25.85	未换		文本筛选(F)			非电网故障	未过滤	月报
	2016-06-0	2016-06-0		0.95	未换					非电网故障	未过滤	月报
	2016-06-0	2016-06-0		2.55	未换		搜索			非电网故障	未过滤	月报
	2016-06-0	2016-06-0		3.85	未换		☑(全选)			电网故障	未过滤	月报
	2016-06-0	2016-06-0		1.18	未换		☑电网故障			电网故障	未过滤	月报
	2016-06-0	2016-06-0		3.41	未换		☑非电网故障			电网故障	未过滤	月报
	2016-06-0	2016-06-0		0.37	未换					电网故障	未过滤	月报
	2016-06-1	2016-06-1		0.79							未过滤	月报

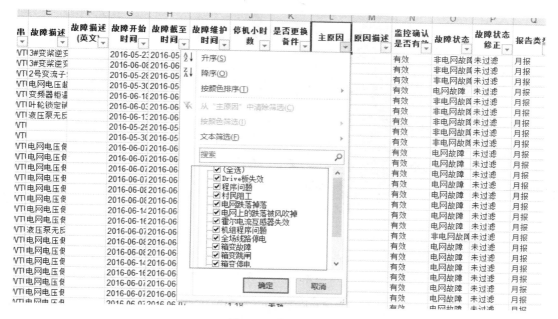

图 4-31 故障频次

阿拉善故障频次＝故障次数 127/机组台数 33＝3.85 次/(月＊台)。

3. 故障排除时间

使用大于 15 分钟的打过维护的故障停机时间的和(剔除电网故障、电网造成的非电网故障、客户因素等)除以打过维护的机组台数计算所得,即 N 台机组故障停机时间的和/机组台数 N,例如,导出故障数据→剔除电网故障→剔除电网造成的非电网故障→剔除其他可剔除的故障→筛选大于 15 分钟的故障→筛选打过维护的故障。

第五章 现场标准化流程及体系文件

　　现场标准化作业是国家电网公司汲取先进安全生产管理理念，构建安全生产长效机制的一项重要举措，其目的是通过规范现场作业程序和作业人员行为，杜绝现场作业的随意性和盲目性。为了确保作业过程的安全性和提高作业质量，实现对现场作业安全、质量的"可控"和"在控"，将安全生产责任制真正细化和落实到每项作业和每一名作业人员，体现安全生产管理由"事后分析"的被动管理模式向"事前管理"和"过程控制"为中心的主动管理模式的转变。

　　国家电网公司在要求落实现场标准化作业的同时，还要求安全生产管理部门积极探索采用现代化的管理手段，开发现场标准化作业管理软件，逐步实现信息网络化、管理规范化。编制和执行现场标准化作业指导书是实现现场标准化作业的具体形式和方法。传统的手工编制方式和管理模式已经不能满足电力现场标准化作业的需要，因此迫切希望有一种具有鲜明的知识管理特色、简单可靠实用、统一管理、规范工作、统一技术标准的现场标准化作业管理系统。该系统不但能快速准确地编制一份符合规范的作业指导书，而且还可以使现场作业规范化、程序化、标准化，使过程控制处于受控、可控状态，确保作业过程的质量要求，提高安全生产效率。

第一节 风电场运维项目日常标准化作业流程

表 5-1 日常标准化作业流程表

项目	序号	工作流程	时间/min	价值评估	表单
工作前	1	班前会（SM工单）	10	1. 由项目经理对当天工作进行安排，分配工作任务及人员，制订当日各小组要完成的目标计划； 2. 各小组接收到工作任务后，各自完成本组工作的工单登录； 3. 工单登录完成后，各工作小组负责人重新汇报当日工作及工作目标结果，与项目经理进行确认； 4. 针对当日工作，由安全员进行安全告知	安排工作工单
	2	工作票	10	1. 项目具备独立处理故障能力的成员，均要通过风电场统一考试，取得开工作票的权限，并进行备案； 2. 根据当日工作安排，各小组工作负责人开具本组工作票； 3. 本组工作票随身携带，如涉及电气操作必须按照工作票内要求进行，工作结束后，及时完结工作票	工作票
	3	准备工作	10	1. 工作前对劳保用品的数量、外观、性能等进行全面检查并按照工作需求进行配置； 2. 根据当日故障、工作情况，出库所需的工器具，并填写出库登记表； 3. 如需更换备件的，需要对备件信息清晰记录，用以完成备件更换工单； 4. 对技术指导手册、图纸等进行确认，版本是否正确，携带资料是否齐全，以上均确认无误后，方可出发	作业指导手册
工作中	4	故障处理		1. 明确故障现象、故障代码等基本信息； 2. 针对故障现象、故障代码初步判断故障点或故障元器件； 3. 借助仪表、图纸或其他专业工具，对问题点进行测量，直至找到故障点或损坏元器件； 4. 元器件损坏的需要深入排查，找到故障诱发点； 5. 更换部件或重新设置参数	

续表

项目	序号	工作流程	时间/min	价值评估	表单
工作中	5	过程记录		1. 明确故障停机时间,并记录故障处理完成的开机时间; 2. 记录故障代码、故障现象,故障前机组运行状态(风速、功率、温度等信息); 3. 对故障的判断和处理流程要清晰记录,并分析故障产生的原因以及如何提前预防类似故障; 4. 对于需要更换元器件的,需分别记录新、旧件的编号、数量、使用情况等	故障处理确认单
	6	应急、异常处理		1. 人员:现场故障或工作量突然增加、人员身体不适,导致配置不足而引起的异常,项目经理要根据相关内容的重要、紧急程度合理排序,并主动与客户进行沟通和对接,告知原因及应对措施; 2. 车辆:工作前发现车辆异常的,要立即对车辆进行维护,如时间较长,项目经理需主动告知客户,针对工作中车辆出现异常的,要立即停车检查并处理,坚决杜绝车辆带病行驶; 3. 器具:工作过程中,遇到计量器具测量值、输出值可能存在偏差时,要立即停止使用该工具,并使用已经过检验合格的工具进行校验,校验后合格的可以继续使用,否则应及时送检或报废处理	
工作后	7	班后会		1. 各组负责人分别汇报当日工作情况,明确故障处理流程,并进行经验分享,各组参与讨论; 2. 针对当日安全站班内安全告知,对新辨识的危险源进行补充和完善; 3. 对于疑难、典型性故障,故障处理负责人要组织大家进行分享和讨论; 4. 项目经理、技术负责人要对项目成员的工作状态充分了解,根据需要进行定期、不定期的沟通,保证充分沟通 5. 涉及备件消耗的,要及时登录服务请求,并做好备件发出、坏件退回等工作	班后会记录

第二节 风电场运维体系文件明细表

表 5-2 风电场运维体系文件明细表

序号	编号	一层次	二层次	三层次	周期
1	XX01	环境因素识别和评价控制程序	环境因素	环境因素调查评价表	每年
				重要环境因素清单	每年
2	XX02	危险源辨识和风险评价控制程序	危险源	危险源调查评价表	每年
				不可接受风险清单	每年
3	XX03	相关方管理控制程序	相关方管理	项目外来人员登记表、证件复印件	发生时
				项目外来人员安全环境告知	发生时
				项目现场登高作业禁忌病安全告知	发生时
				项目外来人员现场工作安全交底/技术交底	发生时
				入场特种设备年检证书	发生时
				入场监视测量设备检定证书	发生时
				零部件厂家技术服务报告	发生时
			检修技改外包	服务外包方入场检查单	发生时
				服务外包方现场评估表	发生时
				机组检修验收单	发生时
				外包合同(含安全生产管理协议,必要时提供 MSDS)	发生时
				检修外包方安全管控方案	发生时
			租车、租房、雇佣厨师管理	合同及相关材料管理	发生时
				司机、厨师安全目标责任书	发生时
				车辆维护保养记录	发生时
				车辆违章台账	发生时
				车辆检查表(周、月)	每双周
				相关方人员请假单(厨师、司机等)	发生时
4	XX04	法律法规、其他要求识别及合规性评价控制程序	法律法规	适用法律法规与其他要求清单(项目所在地法规及风电行业标准)	每年
5	XX05	环境与职业健康安全管理方案控制程序	管理方案	环境/职业健康安全管理方案	每年
			固废处理	固体废弃物处理方式一览表	每年

续表

序号	编号	一层次	二层次	三层次	周期
6	XX06	环境与职业健康安全预案控制程序	应急预案	应急预案(分级编制项目级)	每年
				应急预案演练计划	每年
				应急预案演练方案	发生时
				应急预案演练记录	发生时
				应急预案评审记录	发生时
				项目安全应急电话	发生时
7	XX07	环境与职业健康安全运行控制程序	劳动防护用品	劳保用品台账	发生时
				报废劳动防护用品清单(丢失/损坏说明)	发生时
				急救箱药品清单	发生时
			会议记录	安全会议记录	每月
			危险、交叉作业	危险作业申请审批表	发生时
				交叉作业告知单	发生时
			化学品	化学品记录清单	发生时
				MSDS	发生时
8	XX08	基础设施和工作环境控制程序	设备设施	设备设施台账(基础设备/固定资产/工具)	发生时
				固定资产处置单	发生时
			检查记录	项目环境安全检查记录表	每月
			消防器材	消防器材台账	发生时
				消防器材点检表	每月
			盘点	物资台账(备品备件、油品耗材等)	发生时
				盘点表	每月
				备品备件出入库记录	发生时
9	XX09	人力资源控制程序	培训	年度培训计划	每年
				培训签到表	发生时
				培训记录(含签到)	发生时
				员工培训档案	发生时
				培训申请表	发生时
				培训效果评价	发生时
				培训录音	发生时
			岗位	岗位说明书	每年
				员工任职能力评价表	每年
				特殊岗位人员登记表	发生时
				特岗证件复印件	发生时
				项目经理任命书/安全员任命书	发生时
			交接、告知	安全员工作交接单	发生时
				员工离职交接单	发生时
				出差调休人员安全告知	发生时
			新员工	三级安全教育培训记录、考试	发生时
				转正评估表	发生时

序号	编号	一层次	二层次	三层次	周期
10	XX13	客户管理控制程序	客户管理	客户往来沟通记录（邮件、传真、会议纪要等）	发生时
				客户需求反馈解决跟踪记录表	发生时
11	XX15	文件和记录控制程序	文件清单	受控文件清单	发生时
				外来文件清单	发生时
				技术文件清单	发生时
			申请表	文件更改申请表	发生时
				印章申请表	发生时
12	XX17	管理体系绩效监视和测量控制程序	安全检查	安全巡检清单	发生时
				安全巡检报告	发生时
				安全隐患整改报告	发生时
				隐患问题整改跟踪台账	发生时
				节前安全检查及整改情况	发生时
			质量检查	质量巡检清单	发生时
				质量巡检报告	发生时
				质量问题整改报告	发生时
			责任书	安全生产责任书	每年
				目标责任书	每年
			月报	安全生产月报	每月
				质量、环境、职业健康安全月报	每月
			故障信息	现场故障信息表	发生时
				故障信息反馈单	发生时
13	XX18	内部审核控制程序	内部审核	内审检查表	发生时
				不符合报告	发生时
14	XX20	不符合处置、事故纠正措施和预防措施控制程序	不符合处置	不符合处置记录	发生时
				纠正措施处理单	发生时
				预防措施处理单	发生时
			事故	事故报告表	发生时
				事故调查询问笔录	发生时
				事故调查报告	发生时
15	XX22	监视和测量设备控制程序	监视和测量设备管理	监视和测量设备台账	发生时
				监视和测量设备证书	发生时
				项目现场旧件物资处置申请表	发生时
				监视和测量设备月报	每月

序号	编号	一层次	二层次	三层次	周期
16	XX28	风电场运行维护服务控制程序	接入资料	机组合同及补充协议	发生时
				合同内技术资料交付记录单	发生时
				合同规定的现场培训记录单	发生时
				建设期零部件厂家技术服务报告	发生时
				主要零部件清单	发生时
				主要零部件更换记录	发生时
				500小时检修计划、检修清单、检修报告	发生时
				预验收证书	发生时
				机组改造记录(工作任务书)	发生时
				功率曲线数据及分析	发生时
				在建项目总结报告	发生时
				项目进度表(含重要时间节点)	发生时
				遗留问题清单	发生时
				技术文件(图纸等)	发生时
				机组调试报告	发生时
				合同工具交付清单	发生时
				合同备件交付清单	发生时
				吊装工具交付清单	发生时
				内部预验收检查清单	发生时
				工作联系单	发生时
				工作任务书延期申请单	发生时
			日常维护	机组运行维护计划书	发生时
				运行双周报(系统)	双周
				运行月报(系统)	每月
				质量年报(根据需求确定)	每年
				零部件返厂记录(系统)	发生时
				主要零部件更换记录	发生时
				质量反馈单	发生时
				故障分析处理报告(批量问题)	发生时
				可利用率客户反馈单	每月
				服务工单	发生时
			巡检	机组巡检单	发生时

续表

序号	编号	一层次	二层次	三层次	周期
16	XX28	风电场运行维护服务控制程序	检修	定检计划及实施方案	每年
				检修风速确认单	发生时
				检修清单	发生时
				检修外包申请	发生时
				检修报告	发生时
				物资申请（Oracle 系统）	发生时
				液压扳手发货通知单	发生时
				液压扳手使用完工确认单	发生时
			最终验收	最终交接实施计划（目前未实施）	发生时
				质保期工作报告	发生时
				风机最终验收申请单（非必需）	发生时
				项目交接传真（片区/调度中心，非必需）	发生时
				预验收记录、最终验收检验单（自检、验收用）	发生时
				最终验收证书	发生时
				补充协议等	发生时
			技改	工作任务书（含工作完成情况的反馈）	发生时
				工作联系单	发生时
				技改周报	发生时
				技改过程记录	发生时
				工作任务延期申请单	发生时
				技改外包申请	发生时
				技改计划（年度、月度）	发生时
				技改前的培训	发生时
			大部件更换	大部件更换方案	发生时
				吊装合同、安全协议	发生时
				资质审核材料	发生时
				安全技术交底	发生时
				大部件更换验收单	发生时
				客户确认记录	发生时